Meilensteine der Nationalökonomie

Meilensteine der Nationalökonomie

Heinrich von Stackelberg

Grundlagen einer reinen Kostentheorie

Reprint der 1. Auflage Wien, 1932

 Springer

ISBN 978-3-540-85270-4   ISBN 978-3-540-85271-1   (eBook)

DOI 10.1007/978-3-540-85271-1

Library of Congress Control Number: 2008936501

Einbandgestaltung: WMXDesign GmbH, Heidelberg

Gedruckt auf säurefreiem Papier

9 8 7 6 5 4 3 2 1

springer.de

GRUNDLAGEN EINER REINEN KOSTENTHEORIE

VON

HEINRICH von STACKELBERG
KÖLN

MIT 15 ABBILDUNGEN

WIEN

VERLAG VON JULIUS SPRINGER

1932

ERWEITERTER SONDERABDRUCK AUS „ZEITSCHRIFT FÜR NATIONALÖKONOMIE", BAND III, HEFT 3 UND 4

MEINER MUTTER

BARONIN LUISA VON STACKELBERG

GEB. DE VEDIA

IST DIESES BUCH GEWIDMET

Meinem hochverehrten Lehrer, Herrn Professor Dr.
Erwin von Beckerath, Köln, danke ich auf-
richtig für die wertvolle Förderung, die er meiner
Arbeit in jeder Hinsicht angedeihen ließ. Herrn Professor Dr. Hamburger, Köln, danke ich für die wert-
vollen Ratschläge zur Ausgestaltung der mathematischen
Darstellung. Desgleichen gebührt Dank Herrn Privat-
dozenten Dr. Morgenstern, Wien, und dem Verlag
Julius Springer, Wien, für das freundliche Entgegen-
kommen, das die Drucklegung der Arbeit ermöglicht hat.

Rom, im Oktober 1932.

Heinrich von Stackelberg.

Inhaltsverzeichnis.

Die Wirtschaft läßt sich als ein Prozeß betrachten, der sich zwischen den beiden Polen „Produktion" und „Konsumtion" abspielt. Diese Abhandlung will eine bestimmte Seite der Produktion analysieren, nämlich die Rolle, welche in der Produktion den Produktionskosten zukommt. Die Kosten und der Preis der Produkte sind die beiden ökonomischen Regulatoren der Produktion. Aus der Verbindung des Kostenbegriffes mit bestimmten Grundprinzipien der Produktionsregulierung ergibt sich ein System von formalen Sätzen über die Abhängigkeit des Produktionsvorganges von den Produktionskosten. Diese Sätze sind in dem Sinne formal, daß sie sich aus bloßen Begriffsdefinitionen ergeben und Denkformen darstellen, in denen sich jede spezielle kostentheoretische oder kalkulatorische Überlegung zu halten hat.

Das zu lösende Problem ist ein quantitatives. Es handelt sich stets um Relationen zwischen Gutswertgrößen und Gutsmengengrößen. Die geeignetsten Mittel zur Durchführung einer quantitativen Analyse bietet uns die Mathematik. Deswegen werden wir uns der in dieser Wissenschaft ausgebildeten Denkformen bei allen komplizierteren Untersuchungen bedienen müssen. Da aber die Mathematik noch nicht allgemein als Mittel der quantitativ-ökonomischen Analyse gebräuchlich ist, so werden die auf mathematischem Wege bewiesenen Sätze durch verbal-logische Überlegungen und durch graphische Darstellungen plausibel gemacht werden.

Erstes Kapitel.

Grundlagen.

§ 1. Grundbegriffe der Produktion.

I.

1. Wir gehen aus vom Begriff der Gutsmengeneinheit. Diese Einheit kann im allgemeinen beliebig festgesetzt werden. Wir wollen sie jedoch zweckmäßigerweise so bestimmen, daß sie ein möglichst geringes Gutsquantum darstellt, welches üblicherweise auf dem großen Markte noch umgesetzt wird.

Wir betrachten nun den sozialökonomischen Produktionsprozeß. Dieser läßt sich gedanklich derart in Produktionsabschnitte zerlegen,

daß innerhalb eines jeden Abschnittes die Produktion einer Gutsmengeneinheit von einem einheitlichen Willen bestimmt wird. Diese Einteilung
ist formal. Man wird im allgemeinen nicht immer eine eindeutige materielle
Einteilung nach diesem Prinzip vornehmen können. Dies ist jedoch für
unseren Zweck auch nicht erforderlich. Wie auch immer die materielle
Einteilung vollzogen wird, die Sätze, die wir für einen solchen Abschnitt ableiten werden, behalten ihre Gültigkeit, da auch sie formaler
Natur sind.

Die Dienstleistungen werden ganz analog den materiellen Gütern
behandelt. Auch für sie lassen sich Einheiten festsetzen; ihre Bereit-
stellung betrachten wir als Produktion. Soweit also Dienstleistungen als
Ziel der Produktion in Frage kommen, brauchen sie im folgenden nicht
besonders erwähnt zu werden.

Die Gesamtheit der Mittel, deren sich der produzierende Wille zur
Durchführung der Produktion innerhalb seines Produktionsabschnittes
bedient, ist der Produktionsbetrieb. Das von einem Betriebe fertiggestellte
Gut bezeichnen wir als sein Produkt.

2. Wir teilen ferner den Produktionsprozeß in solche Abschnitte ein,
in denen die Produktion von einem einheitlichen ökonomischen Interesse
abhängig ist. Wir bezeichnen einen solchen Abschnitt als Wirtschaftsabschnitt. Dieser kann nur ganze Produktionsabschnitte umfassen,
und zwar einen oder mehrere. Die zu einem Wirtschaftsabschnitt zugehörigen Betriebe bilden, soweit sie von demselben ökonomischen
Interesse abhängen, eine Unternehmung.

Betrachten wir nun den gesamten Produktionsprozeß für eine ganze
Gutsgattung, so ergibt sich, daß innerhalb eines jeden Produktionsabschnittes mehrere Betriebe gleicher Stufe vorhanden sein können.
Eine Unternehmung kann somit auch mehrere Betriebe desselben Produktionsabschnittes umfassen. Ebenso können auch innerhalb desselben
Wirtschaftsabschnittes mehrere Unternehmungen bestehen. Ferner
braucht die Einteilung in Produktions- und Wirtschaftsabschnitte nicht
unbedingt einheitlich für dieselbe Gutsgattung zu sein, da man zwei
vertikal kombinierte Betriebe als einen Betrieb auffassen kann.

3. Die Güter und Dienstleistungen, deren ein Betrieb zur Herstellung
seiner Produkte bedarf, sind die Produktionsmittel dieses Betriebes.

A. Die Produktivgüter lassen sich, wie alle Güter überhaupt, in
Verbrauchsgüter und dauerhafte Güter einteilen.[1]) Die ersteren bezeichnen wir als Betriebsstoffe, die letzteren als Betriebsanlagen.

1. Die Betriebsstoffe gehen durch die Produktion als Menge in das
Produkt ein. Es sind dies also die Roh- und Hilfsstoffe sowie analoge
Produktionsmittel, wie z. B. Kraft, soweit diese von anderen Betrieben
bezogen wird.

2. Bei den Betriebsanlagen kann man von einem Eingehen in das
Produkt nicht sprechen. Sie bilden vielmehr eine mehr oder weniger
dauerhafte Grundlage der Produktion. In den Produktionsprozeß selbst

---

[1]) cf. Cassel, Theoretische Sozialökonomie, 4. Aufl., S. 8ff.

gehen nicht sie, sondern ihre Dienstleistungen ein. Ihre Lebensdauer,[1])
d. h. die Dauer ihrer Verwendbarkeit kann von der Zeitdauer oder von
dem Grad der Inanspruchnahme bei der Produktion oder von beiden
Momenten oder von keinem von ihnen abhängen.

Dementsprechend unterscheiden wir folgende Arten der Betriebsanlagen:

a) Der Boden: Darunter sind die an einen bestimmten Standort
gebundenen, unvermehrbaren und unversehrbaren bzw. sich immer
wieder von selbst erneuernden Naturkräfte und -gaben, sowie die an diesen
Standort gebundenen, aus der Entwicklung des gesamten sozialen
Körpers entstandenen Produktionsvorteile zu verstehen. Die Lebensdauer des „Bodens" ist von der Zeitdauer und von dem Grade der Inanspruchnahme unabhängig.

b) Alle übrigen sachlichen Produktionsmittel, soweit sie nicht Betriebsstoffe sind, also z. B. Gebäude, Maschinen, Werkzeuge, Apparate
usw. Diese hängen in ihrer Lebensdauer meist sowohl von der Zeitdauer
als auch von dem Grade der Inanspruchnahme ab.

c) Bestimmte Rechte, wie z. B. Urheberrecht, Patentrecht u. dgl.
Diese hängen in ihrer Lebensdauer nur von der Zeitdauer ab.

d) Aufzubrauchende Vorräte, also vor allem Naturschätze und
ähnliches. Sie hängen in ihrer Lebensdauer nur von der Inanspruchnahme,
d. h. von der Entnahme von Stoffen, ab. Diese Produktionsmittel leiten
äußerlich zu den Betriebsstoffen über. Sie müssen jedoch zu den Betriebsanlagen gerechnet werden, weil das Moment der Dauer bei ihnen aus-
schlaggebend ist.

e) Feste Vorräte, sogenannter „eiserner Bestand". Auch diese müssen
wegen ihrer Dauer zu den Betriebsanlagen gerechnet werden. Ihre Lebensdauer ist jedoch beliebig. Sie sollen deshalb „uneigentliche Betriebsanlagen" genannt werden. Sie bilden eine gewisse Analogie zu der „dauernden Mitwirkung" menschlicher Arbeitskraft im Betrieb, die im folgenden
behandelt wird.

B. Die produktiven Dienstleistungen. Diese teilen wir ein in
Leistungen der Betriebsanlagen und Arbeitsleistungen.

1. Die Leistungen der Betriebsanlagen sind an deren Vorhandensein
als Bestandteil des betrachteten Betriebes gebunden, und können deshalb
entsprechend eingeteilt werden.

2. Die Arbeitsleistungen teilen wir in zwei Gruppen ein:

a) Die erste Gruppe umfaßt die Arbeitsleistungen, die als solche
einzeln vom Betriebe bezogen werden, so daß die Arbeiter selbst nicht
als unmittelbar betriebszugehörig zu betrachten sind. Diese Arbeitsleistungen sind in ihrem Verhältnis zum Betrieb den Betriebsstoffen
analog. Sie gehören meist der ausführenden Arbeit an.

b) Die zweite Gruppe enthält Arbeitsleistungen, die von Personen
geleistet werden, welche selbst als betriebszugehörig zu betrachten sind.

---

[1]) cf. Schmalenbach, Grundl. dynam. Bilanzlehre (3. Aufl,). S. 104
und S. 113 (Abschreibungen).

Diese Arbeitsleistungen erscheinen hier als unselbständige Teile eines
mehr oder weniger dauernden „Mitwirkens" im Betrieb. Dieses dauernde
Mitwirken hat einen ähnlichen Charakter, wie die Betriebsanlagen,
besonders wie die „festen Vorräte" (Gruppe e). Meist handelt es sich hierbei
um leitende Tätigkeit. Aber auch ausführende Arbeit muß zuweilen
hierher gerechnet werden, z. B. bei gelernten oder für kompliziertere
Produktion angelernten Arbeitern.

Wir wollen jetzt eine wichtige Einteilung der Produktionsmittel
vornehmen. Wir haben gesehen, daß ein Teil der Produktionsmittel unmittelbar in den Produktionsprozeß eingeht. Man kann sogar die Mitwirkung dieser Produktionsmittel im Produktionsprozeß während einer
bestimmten Zeitdauer messen. Man kann feststellen, wieviel an Betriebsstoffen in den Produktionsprozeß eingegangen ist, wie groß die Leistungen
der Betriebsanlagen während dieser Zeit gewesen, wieviel Arbeitsstunden
geleistet worden sind. Die hier charakterisierten Produktionsmittel
bezeichnen wir als direkte. — Ein anderer Teil der Produktionsmittel
läßt sich in seiner Bedeutung für die Produktion in dieser Weise nicht
abschätzen. Man kann nicht feststellen, welche Bedeutung die Betriebsanlagen (unabhängig von ihren Leistungen) während der betreffenden
Zeit für die Produktion gehabt haben; man kann dies auch bei der
„dauernden Mitwirkung" (unabhängig von ihren Einzelleistungen) nicht.
Diese Feststellung ist keine Haarspalterei. Es ist tatsächlich möglich,
z. B. von zwei ganz verschiedenen und verschieden großen Maschinen
dieselbe (technische) Leistung während derselben Zeit zu erhalten. Man
ist also berechtigt, nach dem Unterschied zu fragen, der zwischen den
Verwendungen dieser beiden Maschinen unabhängig von ihrer konkreten
Leistung zu irgend einem Zeitpunkt liegt.

Die Betriebsanlagen und die „dauernde Mitwirkung" fassen wir
unter der Bezeichnung „indirekte Produktionsmittel" zusammen. Hierbei
wollen wir aber die „dauernde Mitwirkung" und die „festen Vorräte"
unter dem Namen „uneigentlich-indirekte Produktionsmittel" absondern,
weil sie, wie schon erwähnt, in mancher Hinsicht von den übrigen indirekten
Produktionsmitteln verschieden sind.

Wir haben also folgende Einteilung gewonnen:

    I. Direkte Produktionsmittel:

        1. Betriebsstoffe;

        2. Leistungen der Betriebsanlagen;

        3. Arbeitsleistungen.

    II. Indirekte Produktionsmittel:

        Betriebsanlagen (außer den „festen Vorräten").

    III. Uneigentlich-indirekte Produktionsmittel („feste Vorräte" und
        „dauernde Mitwirkung").

Die Unterscheidung in direkte und indirekte Produktionsmittel
spielt in der Kostentheorie eine wichtige Rolle.

II.

1. „Eine wirtschaftliche Betrachtung der Produktion muß von der grundlegenden Tatsache ausgehen, ...daß... die Produktion einen immer fortdauernden Prozeß darstellen muß."[1]

Diese Feststellung ist auch einer Betrachtung der Produktion eines Einzelbetriebes zugrunde zu legen. Eine beliebige Produktionsmenge wird vom Betrieb innerhalb einer Zeitstrecke produziert. Die Produktion stellt sich dar als ein Bereitstellen einer bestimmten Menge innerhalb einer bestimmten Zeit. Die Produktion besitzt also eine bestimmte Geschwindigkeit. Wir messen die Produktionsgeschwindigkeit eines Betriebes durch die jeweils in der Zeiteinheit vom Betriebe produzierte Menge einer bestimmten Produktsart.[2]

Ein Betrieb kann im allgemeinen verschiedene Produktionsgeschwindigkeiten realisieren. Die Produktionsgeschwindigkeit ist also als eine veränderliche Größe zu betrachten. Ferner wird bei einer Produktion mehrerer Produktsgattungen für jede Produktsgattung eine Produktionsgeschwindigkeit realisiert. Das „Produktionsniveau" eines Betriebes ist in diesem Falle nur dann bestimmt, wenn für jede einzelne Produktsgattung die Angabe der Produktionsgeschwindigkeit erfolgt. Werden z. B. drei verschiedene Gutsarten produziert, so muß zur Bestimmung des „Produktionsniveaus" des Betriebes die Produktionsgeschwindigkeit jeder einzelnen Gutsart, also im Ganzen drei Zahlen, angegeben werden. Diese Zahlen, durch welche das Produktionsniveau eines Betriebes im Falle verbundener Produktion bestimmt wird, bezeichnen wir zusammenfassend (und im Anschluß an die mathematische Terminologie) als Produktsvektor. Auch dieser Produktsvektor ist im allgemeinen veränderlich, weil jede einzelne der in ihm enthaltenen Produktionsgeschwindigkeiten, oder, wie man auch zu sagen pflegt, jede einzelne seiner Komponenten im allgemeinen veränderlich ist. D. h.: ein gegebener Betrieb kann (technisch!) im allgemeinen sehr verschiedene Produktionsniveaus realisieren; er kann jede seiner Produktsarten mit verschiedenen Geschwindigkeiten produzieren. Dies ergibt sich dadurch, daß er seine Produktionsmittel (qualitativ und quantitativ) in verschiedener Weise miteinander kombiniert.

Bei den Produktionsmitteln ist zu beachten, daß auch deren Anwendung innerhalb der Zeit als ein fortdauernder Prozeß vor sich geht. Man kann diese Anwendung als einen Spezialfall der Konsumtion betrachten. Sie stellt nämlich einen Güterverzehr dar. Diese Anwendung wird als Aufwand bezeichnet. Da dieser in der Zeitdauer als fortlaufender Prozeß vor sich geht, können wir auch hier von Aufwandsgeschwindigkeit sprechen. Und zwar wird jedem einzelnen Produktionsmittel eine Aufwandsgeschwindigkeit (als eine veränderliche Größe) zugeordnet. Wir können hier von einem „Aufwandsniveau" sprechen, welches

---

[1] Cassel, l. c. S. 20.
[2] cf. auch Pareto, Manuel d'économie politique, Paris 1927, pag. 148, Nr. 10.

durch Angabe sämtlicher Aufwandsgeschwindigkeiten charakterisiert wird. Die einzelnen Aufwandsgeschwindigkeiten eines Aufwandsniveaus fassen wir zum „Aufwandsvektor" zusammen.

Die Produktion stellt sich dar als Realisierung eines Aufwandsvektors zum Zweck der Realisierung eines Produktsvektors. Allerdings ist durch die bloße Angabe eines Aufwandsvektors die ökonomische Lage des Betriebes noch nicht bestimmt. Wir brauchen die zeitliche Verteilung der Aufwendungen der einzelnen Produktionsmittelarten, oder, wie wir es einfacher bezeichnen können, die Produktionsdauer. Wohl wird (um die Überlegung an dem einfacheren Fall der Produktion nur eines Gutes durchzuführen) zur Realisierung einer bestimmten Produktionsgeschwindigkeit, also zur Herstellung einer bestimmten Produktsmenge in der Zeiteinheit jede einzelne Produktionsmittelart nur während einer Zeiteinheit aufgewendet.[1]) Aber die Aufwendungen der verschiedenen Produktionsmittel können über sehr verschiedene Zeiträume verteilt, über lange Zeitperioden auseinandergezogen oder auf kurzen Zeitstrecken zusammengedrängt sein. Die Realisierung einer Produktionsgeschwindigkeit kann also mit verschiedener Dauer vor sich gehen. Ein Aufwandsvektor, der in Verbindung mit einer bestimmten Produktionsdauer geeignet ist, ein bestimmtes Produktionsniveau zu realisieren, ist es mit einer anderen (vielleicht kürzeren) Produktionsdauer unter Umständen nicht.

Die Produktionsdauer spielt eine wichtige Rolle bei der Bestimmung des Kapitalbedarfes eines Betriebes.

2. Wir haben im ersten Abschnitt dieses Paragraphen die grundlegende Einteilung in direkte und indirekte Produktionsmittel vorgenommen. Wir müssen uns hier näher mit der Bedeutung dieser Einteilung in der Analyse der Produktion befassen.

Wir müssen uns darüber klar werden, was man unter Aufwand der direkten und was man unter Aufwand der indirekten Produktionsmittel zu verstehen hat.

Der Aufwand der direkten Produktionsmittel ist nach den gemachten Ausführungen bei der Gegenüberstellung der direkten und indirekten Produktionsmittel wohl ohne weiteres ein deutlicher Begriff. Es ist die Menge der Produktionsmitteleinheiten der betreffenden Produktionsmittelart, die während der betrachteten Zeit in den Produktionsprozeß eingegangen sind. Dementsprechend ist auch der Begriff der Aufwandsgeschwindigkeit der direkten Produktionsmittel wohl ohne weiteres klar.

Dagegen ist dieser Begriff des Aufwandes bei den indirekten Produktionsmitteln schwieriger zu definieren. Ein „Eingehen in den Produktionsprozeß" findet hier nicht statt. Vielmehr bilden die indirekten Produktionsmittel eine dauernde Grundlage der Produktion. Man kann jeweils den Umfang dieser Grundlage, also die Menge der zum Betriebe gehörigen indirekten Produktionsmittel feststellen. Und man kann ferner

---

[1]) Wenn man nämlich voraussetzt, daß die Produktion kontinuierlich erfolgt.

den in einer gegebenen Zeitstrecke erfolgten Zu- oder Abgang der indirekten Produktionsmittel zu- bzw. von dem Betrieb ermitteln. Der Abgang ergibt sich aus dem Verzehr. Soll sich die Produktionsgrundlage, welche durch die indirekten Produktionsmittel dargestellt wird, nicht ändern, so muß der jeweilig in einer Zeitstrecke erfolgende Zugang dem in dieser Zeitstrecke erfolgenden Verzehr an indirekten Produktionsmitteln gleich sein. In dem Zugang also, der zur Aufrechterhaltung einer unveränderten Produktionsgrundlage jeweils erforderlich ist, hätten wir einen Maßstab für den Verzehr der indirekten Produktionsmittel. Aber dieser Verzehr entspringt nicht nur aus dem Aufwand der indirekten Produktionsmittel selbst, also dadurch, daß sie in den Betrieb eingeschaltet sind, sondern auch aus dem Aufwand der Leistungen dieser indirekten Produktionsmittel, also aus dem Aufwand direkter Produktionsmittel. Hier muß eine Trennung und eine Zurechnung des Verzehrs stattfinden. Diese Trennung geschieht sinngemäß dadurch, daß man dem indirekten Produktionsmittel den Verzehr zuordnet, der entsteht, wenn der Betrieb stillgelegt würde, d. h. wenn die Aufwendung der direkten Produktionsmittel aufhörte. Die Differenz zwischen diesem Verzehr und dem Verzehr bei irgend einem Produktionsniveau ist dann der Leistung des betreffenden indirekten Produktionsmittels zuzurechnen.

Wir unterscheiden also:

1. Den Aufwand der indirekten Produktionsmittel; dies ist die Einschaltung der indirekten Produktionsmittel als dauernde Grundlage der Produktion in den Betrieb. Wir wollen diesen Aufwand abgekürzt als indirekten Aufwand bezeichnen.

2. Den Aufwand der direkten Produktionsmittel. Dieser findet auf einer gegebenen Grundlage an indirekten Produktionsmitteln statt. Wir bezeichnen ihn als direkten Aufwand.

Den direkten Aufwand kann der Betrieb viel leichter und schneller ändern, als den indirekten. Der Betrieb verändert sein Produktionsniveau in erster Linie durch Änderung des direkten Aufwandes; erst in zweiter Linie durch Änderung des indirekten. Die Kombination der indirekten Produktionsmittel ist stets für eine längere Dauer bestimmt, als die Kombination der direkten. So reagiert auch die Unternehmung auf kurzfristige wirtschaftliche Änderungen nur durch Änderung ihres direkten Aufwandes; erst langfristige wirtschaftliche Änderungen veranlassen sie, auch den indirekten Aufwand zu ändern. Dieser Sachverhalt wird später noch deutlicher werden.[1]

Aus den angestellten Überlegungen ergibt sich, daß das Problem der Aufwandsänderungen aus zwei Teilfragen besteht. Einmal können wir die Änderungen des direkten Aufwandes, d. h. (etwas ungenauer ausgedrückt) die verschiedenen Beschäftigungsgrade des Betriebes bei gleichbleibender Betriebsgröße, zum zweiten aber die Änderungen des indirekten Aufwandes oder die Änderungen der Betriebsgröße selbst betrachten.

---

[1] cf. im übrigen A. Marshalls Theorie der Quasirente: A. Marshall, Handbuch der Volkswirtschaftslehre, Bd. 1, Buch V.

III.

1. Wir haben uns bisher nur mit Mengen befaßt. Wir müssen uns jetzt mit dem Wert dieser Mengen beschäftigen, und zwar mit ihrem objektiven Tauschwert, ihrem Geldwert. Zu diesem Zwecke führen wir in die von uns betrachtete Sozialwirtschaft eine ideale Rechnungsskala im Sinne Cassels[1]) ein.

Wir stellen zunächst fest, daß die Produktion mit einem Werteverbrauch verknüpft ist. Die in einer Zeitstrecke zur Realisierung eines bestimmten Preisniveaus verzehrten Produktionsmittelmengen haben einen Geldwert, der sich ergibt, indem man diese Mengen mit den zugehörigen Preisen multipliziert und die Summe bildet.

Ferner ergibt sich ein Werteverbrauch durch die Notwendigkeit, indirekte Produktionsmittel dauernd zu halten. Um dazu befähigt zu sein, muß nämlich die betreffende Unternehmung über eine bestimmte Kaufkraft dauernd verfügen. Es entsteht ein Aufwand an Kapitaldisposition, somit ein Werteverbrauch, der dem Preis dieser Kapitaldisposition, also in der Zeiteinheit dem Zins gleich ist. Das erforderliche Kapital ist gleich dem Werte aller indirekten Produktionsmittel der Unternehmung. Wir bezeichnen es als stehendes oder Anlagekapital.

Schließlich braucht die Unternehmung darüber hinaus noch weitere Kapitaldisposition zur Überwindung der schon oben gekennzeichneten Produktionsdauer. Durch die Aufwendung einer bestimmten Produktionsmittelmenge in der Zeiteinheit entsteht eine Festlegung von Kapital. Diese Festlegung dauert solange, bis das Produkt, zu dessen Herstellung die betreffende Aufwendung gemacht wurde, verkauft ist. Der Wert der aufgewendeten Produktionsmittelmenge multipliziert mit der Zeitdauer von der Aufwendung bis zum Verkauf des Produktes ergibt den durch die Aufwendung der betreffenden Produktionsmittelmenge hervorgerufenen Kapitalbedarf. Hieraus folgt, daß man den Kapitalbedarf eines Aufwandsniveaus (bei gegebener Produktionsdauer, oder genauer: bei gegebener zeitlicher Verteilung der Aufwendungen der einzelnen Produktionsmittelarten) dadurch erhält, daß man die sich bei dem betreffenden Aufwandsniveau für jede einzelne Produktionsmittelart ergebenden Kapitalbedarfsgrößen addiert. So erhalten wir das sogenannte umlaufende oder Betriebskapital. Auch dieses verursacht einen Wertverbrauch, der in der Zeiteinheit dem Zins gleich ist.

Den durch die Realisierung eines Aufwandsniveaus mit einer bestimmten Produktionsdauer entstehenden Gesamtwertverbrauch bezeichnen wir als die Gesamtkosten[2]) dieses Aufwandsniveaus.

Ein Aufwandsniveau mit einer bestimmten Produktionsdauer wird realisiert, um ein bestimmtes Produktionsniveau zu erzielen. Unter allen Aufwandsniveaus, welche zur Erzielung eines bestimmten Pro-

---

[1]) Cassel, l. c. S. 39.
[2]) cf. Cassel, l. c. S. 77; cf. ferner Amoroso, La curva statica di offerta. Giornale degti economisti, 1930, pag. 2, Definition von „Costo totale".

duktionsniveaus geeignet sind, gibt es eins, welches die niedrigsten Gesamtkosten aufweist. Die Gesamtkosten dieses Aufwandsniveaus bezeichnen wir als Gesamtkosten des betreffenden Produktionsniveaus.[1])

Diese Gesamtkosten bedeuten etwas Verschiedenes, je nachdem, ob sie ganz allgemein auf Grund aller denkbaren geeigneten Aufwandsniveaus einer Volkswirtschaft errechnet werden, oder ob sie für einen konkreten Betrieb gelten sollen. Im letzteren Falle sind nämlich nicht alle denkbaren möglichen Aufwandsniveaus realisierbar: der indirekte Aufwand wird als unveränderlich angenommen, wenn die Zeitdauer, für welche das betreffende Produktionsniveau realisiert werden soll, kurz ist. Je länger diese Zeitdauer ist, desto mehr kann sich der Betrieb auch bezüglich seiner indirekten Produktionsmittel anpassen; desto eher werden auch die in der betreffenden Zeitdauer realisierbaren Aufwandsniveaus mit allen denkbaren Aufwandsniveaus übereinstimmen. Wenn wir im folgenden von Gesamtkosten sprechen, so werden wir, falls nichts anderes ausdrücklich gesagt wird, stets die Gesamtkosten eines Betriebes betrachten, wobei die Annahme gemacht wird, daß der indirekte Aufwand unveränderlich ist.

2. Die Realisierung eines bestimmten Produktionsniveaus, oder, anders ausgedrückt: die Realisierung eines bestimmten Produktsvektors in einer Unternehmung erfordert bestimmte Gesamtkosten. Betrachten wir den einfachen Fall, daß nur ein Gut produziert wird, so können wir auch sagen: zur Realisierung einer bestimmten Produktiosngeschwindigkeit sind bestimmte Gesamtkosten erforderlich; d. h. zu einer gegebenen Produktionsgeschwindigkeit gehören bestimmte Gesamtkosten, welche in der Zeiteinheit entstehen und getragen werden müssen, damit diese Produktionsgeschwindigkeit realisiert werden kann. Mit anderen Worten: die Gesamtkosten (welche stets auf die Zeiteinheit bezogen werden müssen) sind eine Funktion der Produktionsgeschwindigkeit oder im allgemeineren Fall: die Gesamtkosten sind eine Funktion des Produktsvektors.[2]) Diese Funktion ist eindeutig. Keine Produktionsgeschwindigkeit kann mehrere Gesamtkostenbeträge besitzen, die voneinander verschieden wären. Denn es gibt unter ihnen einen kleinsten Betrag; die übrigen also scheiden gemäß der Definition des Gesamtkostenbegriffes aus.

Wir beschränken uns zunächst auf den Fall, daß nur ein Gut produziert wird. Hier können wir eine weitere Eigenschaft der Gesamtkostenfunktion feststellen: sie ist eine mit steigender Produktionsgeschwindigkeit monoton wachsende Funktion. Eine größere Produktionsgeschwindig-

---

[1]) Auf diese Weise ist jedem Produktsvektor ein Aufwandsvektor zugeordnet. Die partiellen Ableitungen der Aufwandsgeschwindigkeiten nach den Produktionsgeschwindigkeiten sind die „technischen Koeffizienten" im Sinne Paretos (coefficients de production). Cf. V. Pareto, Manuel d'économie politique, Paris 1927, pag. 607, Gleichungen (101). cf. im übrigen die Ausführungen Paretos über die Variabilität der technischen Koeffizienten, l. c. pag. 326ff., Nr. 70.

[2]) Wir verwenden hier den Dirichletschen Funktionsbegriff.

keit kann nämlich keine geringeren Gesamtkosten haben, als eine geringere. Denn die geringere ist in der größeren enthalten, kann also einfach realisiert werden, indem man die größere realisiert. Diese Aussage läßt sich auch auf die verbundene Produktion verallgemeinern: ein Produktsvektor kann keine höheren Gesamtkosten haben, als ein anderer Produktsvektor, falls keine der Komponenten des ersten Produktsvektors größer ist, als die entsprechende Komponente des andern.

Wir haben so zwei grundlegende Eigenschaften der Gesamtkostenfunktion gewonnen: sie ist eindeutig und monoton zunehmend. Die folgende Untersuchung wird in der Hauptsache die Aufgabe haben, weitere Eigenschaften der Gesamtkostenfunktion festzustellen und Folgerungen aus diesen Eigenschaften zu ziehen.

3. Da wir uns manchmal der mathematischen Denkformen werden bedienen müssen, wollen wir an dieser Stelle für einige Größen mathematische Symbole einführen. Hiebei wollen wir von vorn herein den Fall der einfachen und der verbundenen Produktion unterscheiden.

a) Einfache Produktion.

Die Produktionsgeschwindigkeit des produzierten Gutes bezeichnen wir mit x.

Die Gesamtkosten bezeichnen wir mit K. Wir werden dieses Symbol auch im Text verwenden, weil der Terminus „Gesamtkosten" eine Pluralform und deshalb unbequem ist. Die Gesamtkosten erscheinen als Funktion von x. Zum Zeichen dafür, daß eine Größe Funktion einer anderen Größe ist, wollen wir, wie üblich, die zweite Größe in Klammern hinter die erste setzen. Wir schreiben also:

$$K = K(x).$$

Den Preis des produzierten Gutes, d. h. die Geldmenge, die für die Mengeneinheit des Gutes auf dem Markte gezahlt wird, bezeichnen wir mit P.

b) Verbundene Produktion.

Hier werden mehrere Güter produziert. Wir numerieren die Güter. Ihre Anzahl sei n. Die Produktionsgeschwindigkeiten erhalten die Nummer des zugehörigen Produktes als Index. Die Produktionsgeschwindigkeit des Gutes Nr. 1 ist x_1, des Gutes Nr. 2: x_2 usw. Ein Produktsvektor ist ein System von n Produktionsgeschwindigkeiten:

$$(x_1, x_2, x_3, \ldots x_n).$$

Wir bezeichnen diesen Vektor mit dem deutschen Buchstaben $\mathfrak{x}$.

Die Gesamtkosten behalten ihr Symbol K. Nur sind sie hier von n Produktionsgeschwindigkeiten abhängig. Wir haben also:

$$K = K(x_1, x_2, \ldots x_n).$$

Da zwischen einem System von n Produktionsgeschwindigkeiten und dem zugehörigen Produktsvektor eine umkehrbar-eindeutige Zuordnung besteht, so können wir auch setzen:

$$K = K(\mathfrak{x}).$$

Jedes produzierte Gut hat einen Preis. Wir verwenden die Nummern der Güter in derselben Weise, wie bei den Produktionsgeschwindigkeiten, indem wir den Preis eines Gutes mit dessen Nummer als Index versehen. Das Gut Nr. 1 hat also den Preis P_1 usw. So erhalten wir ein System von n Preisen, welchem wir die Bezeichnung „Preisvektor" beilegen. Wir führen als Symbol für den Preisvektor den deutschen Buchstaben $\mathfrak{P}$ ein.

Die weiteren Symbole, die wir brauchen, werden im Laufe der Darstellung eingeführt werden.[1]

4. Die Gesamtkosten ergeben sich durch den direkten und den indirekten Aufwand. Der indirekte Aufwand ist für jedes Produktionsniveau gleich. Dasselbe gilt für das Anlagekapital. Dieses ist abhängig von den erforderlichen indirekten Produktionsmitteln. Da diese unveränderlich bleiben, so ändert sich auch das Anlagekapital nicht. Die Verschiedenheit der Gesamtkosten für zwei verschiedene Produktionsniveaus ergibt sich durch die Verschiedenheit des jeweiligen direkten Aufwandes und des erforderlichen Betriebskapitals.

Somit können wir uns die Gesamtkosten als aus zwei Bestandteilen, einem konstanten und einem veränderlichen, additiv zusammengesetzt vorstellen. Den ersten Bestandteil bezeichnen wir als „konstante Kosten" und führen dafür das Symbol K_I ein. Den zweiten Bestandteil bezeichnen wir als „variable Kosten" und führen dafür das Symbol K_{II} ein. Nur K_{II} ist vom Produktionsniveau abhängig, während K_I, wie gesagt, für alle Produktionsniveaus gleich bleibt.[2]

Es ist hier allerdings zu beachten, daß für längere Zeitperioden (wie schon oben angedeutet) auch der indirekte Aufwand zum Teil als veränderlich zu betrachten ist. Hiedurch würde sich das Bild verschieben, indem ein größerer Anteil auf die variablen Kosten entfallen würde. Aber für kurze Perioden gilt die eben dargestellte Beziehung zwischen konstanten Kosten und indirektem Aufwand, sowie variablen Kosten und direktem Aufwand.[3]

Man kann ferner noch eine Kostenart unterscheiden. Das sind Kosten, die sich sprungweise ändern und dann für eine Gesamtheit kontinuierlich untereinander zusammenhängender Produktionsniveaus konstant bleiben. Am einfachsten ist dieser Sachverhalt für den Fall einzusehen, daß nur ein Gut produziert wird. Es sind dies Kosten, die

---

[1] Die Bedingung der Monotonität im engeren Sinne wird mathematisch wie folgt formuliert: Im Falle der einfachen Produktion gilt immer: $K(x) < K(x')$, wenn $x < x'$. Im Falle der verbundenen Produktion von z. B. zwei Gütern gilt stets: $K(x_1, x_2) < K(x'_1, x_2)$ und $K(x_1, x_2) < K(x_1, x'_2)$, wenn $x_1 < x'_1$ und $x_2 < x'_2$.

[2] Wir können also setzen:
$$K(x) = K_I + K_{II}(x), \text{ bzw.}$$
$$K(\mathfrak{x}) = K_I + K_{II}(\mathfrak{x}).$$

[3] Die konstanten Kosten sind im wesentlichen die „fixen" Kosten Schmalenbachs, während die variablen Kosten den übrigen Kostenkategorien Schmalenbachs zugehören; cf. Schmalenbach, Grundlagen der Selbstkostenrechnung und Preispolitik, 5. Aufl., Leipzig 1930, S. 32ff.

bis zu einer bestimmten Produktionsgeschwindigkeit eine konstante
Höhe haben, dann hier einen Sprung machen, während eines nächsten
Intervalls wieder konstant sind und dann vielleicht wieder einen Sprung
machen usw. Wir wollen diese Kosten als Sprungkosten bezeichnen und
für sie das Symbol K_{III} einführen. Sie sind vom Beschäftigungsgrad abhängig, so daß wir $K_{III}(x)$ schreiben müssen. Sie sind also prinzipiell
variable Kosten. Es kann jedoch manchmal nützlich sein, sie auszusondern
und durch diese neue Funktion sämtliche Unstetigkeitsstellen der
variablen Kosten, d. h. also überhaupt der Gesamtkosten zusammenzufassen, so daß die variablen Kosten im engeren Sinne und somit
auch die Gesamtkosten abzüglich der Sprungkosten stetige Funktionen
der Produktionsgeschwindigkeit wären. Wegen der Monotonität können
die Gesamtkosten und also auch die variablen Kosten (die ja ebenfalls
monoton sind) nur Unstetigkeitsstellen durch Sprung nach oben besitzen.
Dieser Sachverhalt kompliziert sich allerdings für die verbundene
Produktion. Hier wollen wir ihm deshalb nicht weiter nachgehen.

Die Quelle für die Sprungkosten liegt vorwiegend bei den uneigentlich-indirekten Produktionsmitteln.[1]) Sie können sich aber auch aus dem
direkten Aufwand ergeben.

Die Gesamtkosten setzen sich also aus drei Summanden zusammen.[2])

Es bleibt noch übrig festzustellen, wie man die konstanten Kosten
errechnen kann, wenn man die Gesamtkostenfunktion kennt. Dies ist
ganz einfach. Die konstanten Kosten sind nach Definition für alle Produktionsniveaus unveränderlich. Nun gibt es aber ein Produktionsniveau,
in welchem die variablen Kosten (einschließlich der Sprungkosten) den
Wert 0 haben. Dies ist das Produktionsniveau, in welchem überhaupt
nichts produziert wird, d. h., wenn der Betrieb stilliegt. Da nämlich der
direkte Aufwand beliebig veränderlich ist, so unterbleibt er, wenn der
Betrieb stilliegt, ganz. Denn für dieses Produktionsniveau entstehen
die niedrigsten Kosten. Dasselbe gilt unter Umständen auch für
einen Teil der uneigentlich-indirekten Produktionsmittel. Hieraus ergibt
sich aber, daß die konstanten Kosten den Gesamtkosten gleich sind,
wenn alle Produktionsgeschwindigkeiten den Wert 0 haben, wenn also
$x = 0$ bzw. $\mathfrak{x}$ ein Nullvektor ist.[3])

Wir können, ohne daß sich etwas Wesentliches ändert, K_I auch anders
definieren, indem wir K_I der unteren Grenze aller Werte von $K(x)$

---

[1]) Es sei hier an ein in der Betriebswirtschaftslehre bekanntes Beispiel
erinnert: Ein Buchhalter kann vielleicht bis zu 1000 Buchungen am Tage
ausführen. Sind im Betriebe 1010 Buchungen zu machen, so muß ein zweiter
Buchhalter eingestellt werden, wodurch sich die Gesamtkosten sprunghaft
erhöhen. Die Tätigkeit des Buchhalters beruht auf „dauernder Mitwirkung".

[2]) $K = K_I + K_{II}(x) + K_{III}(x)$.

[3]) Es gilt also die Gleichung:

$$K_I = K(0), \text{ bzw.}$$
$$K_I = K(0, 0, \ldots, 0) = K(\{0\})$$

wenn wir mit $\{0\}$ den Nullvektor bezeichnen.

bzw. von $K(\mathfrak{x})$, für welche $x \neq 0$ bzw. $\mathfrak{x} \neq \{0\}$ ist, gleichsetzen. Was das bedeutet, wird besonders klar für den Fall, daß nur ein Gut produziert wird. Hier ist diese untere Grenze nichts anderes als der Grenzwert von $K(x)$, wenn x gegen 0 konvergiert.[1]) Ist $K(x)$ im Nullpunkt unstetig, so hat K_I hier einen anderen Wert als bei der ersten Definition. Wir können für $K(0)$ und für $\lim\limits_{x \to 0} K(x)$-Bezeichnungen einführen, die mit einer gewissen Anschauung verknüpft sind. $K(0)$ sind Stillstandskosten, $\lim\limits_{x \to 0} K(x)$ Produktionsbereitschaftskosten.[2])

Prinzipielle Bedeutung hat diese verschiedene Definitionsmöglichkeit nicht. Aus Zweckmäßigkeitsgründen wollen wir dennoch im folgenden die konstanten Kosten den Stillstandskosten gleichsetzen.[3]) Dies deshalb, weil dadurch die Formulierung der Sätze, die wir ableiten werden, einheitlicher wird. Um Mißverständnisse zu verhüten, sei noch darauf hingewiesen, daß in unserem Zusammenhang in erster Linie kurzfristige Stillstandskosten gemeint sind. Wir haben gesehen, daß die Unterscheidung der Kostenarten abhängig ist von der Zeitstrecke, für welche die Unternehmung ihre Produktionsregulierung durchführt. Ebenso sind auch die Stillstandskosten je nach der betreffenden Zeitstrecke verschieden. Da wir uns explicite nur mit ganz kurzen Zeitstrecken befassen, so ist auch der Ausdruck „Stillstandskosten" entsprechend zu verstehen.

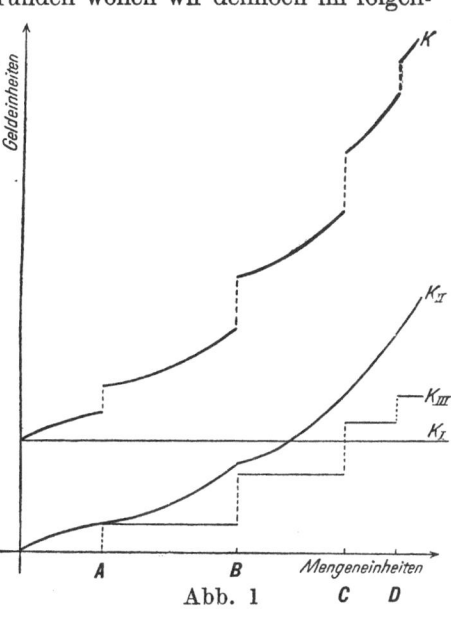

Abb. 1

Die Unterscheidung: „Stillstandskosten — Produktionsbereitschaftskosten" wird für die grundlegenden Teile unserer Ausführungen ohne Belang sein, weil wir hier die Annahme machen werden, daß die betrachteten Funktionen stetig und differenzierbar sind. Sie ist bei einer Verallgemeinerung der Sätze von Bedeutung. Nur hier treten auch die Sprungkosten auf.

Die Abb. 1 ist eine graphische Darstellung, die uns zeigt, wie etwa eine Gesamtkostenfunktion allgemeinster Art aussehen und sich zusammensetzen dürfte.[4])

---

[1]) Wir hätten dann: $K_I = \lim\limits_{x \to 0} K(x)$.

[2]) Nach Schmalenbach, Der Kontenrahmen, Leipzig 1927, S. 31.

[3]) Also: $K_I = K(0)$.

[4]) cf. hiezu: Peiser, Einfluß des Beschäftigungsgrades auf die industrielle Kostenentwicklung, Berlin 1924, S. 10.

Die Kurve K_I stellt die konstanten Kosten dar. Sie ist dementsprechend eine Parallele zur Mengenachse. Die Kurve K_{II} stellt die stetig variablen Kosten dar. Sie ist entsprechend ihrer Definition stetig, d. h. sie macht nirgends einen Sprung. Die Kurve K_{III} gibt die Sprungkosten an. Sie ändert sich nur, wo die Gesamtkostenkurve K einen Sprung macht. Die Gesamtkostenkurve K ergibt sich als Summe der Ordinaten der drei Teilkostenkurven. Sie ist eine monoton steigende und in unserem Fall an den vier Stellen A, B, C, D unstetige Funktion. Die Kurve K_{II} der stetig variablen Kosten ist der Gesamtkostenkurve K parallel, jedoch um die konstanten und die Sprungkosten nach unten verschoben.

§ 2. Die gesellschaftlichen Bestimmungsgründe der Produktion.

I.

Als erster und wichtigster Bestimmungsgrund der Wirtschaft überhaupt und also auch der Produktion als einer Teilfunktion der Wirtschaft, ist mit Cassel das Prinzip der Knappheit anzuerkennen. Cassel hat dieses Prinzip im ersten Paragraphen seines Werkes ausführlich dargelegt, so daß wir uns hier nur auf ihn zu berufen brauchen. Wir begnügen uns mit der Angabe der Definition, die Cassel für das Prinzip der Knappheit an einer anderen Stelle seiner „Theoretischen Sozialökonomie" gibt. Er sagt:[1]

„...das Prinzip der Knappheit, also die Bedeutung der festen Begrenzung der zur Verfügung stehenden Produktionsmittel."

II.

Das zweite, hier zu beachtende Prinzip ist das „ökonomische Prinzip". Cassel hat es ebenfalls im ersten Paragraphen seiner „Sozialökonomie" formuliert. Für die Produktion kommt nur die eine Seite dieses Prinzips in Frage, welche von Cassel als „Prinzip des kleinsten Mittels" bezeichnet wird. Hierbei muß aber betont werden, daß sich dieses Prinzip deutlich vom technischen Prinzip des kleinsten Mittels unterscheidet. Es stellt ein engeres Wahlkriterium für die Verwirklichungsmöglichkeiten eines Zweckes dar, als das technische Prinzip des kleinsten Mittels. Dies letztere Prinzip verlangt, daß die Verwirklichung eines Zweckes unter Aufwand von möglichst geringen Mengen der Mittel zustande kommt. Das erwähnte Teilprinzip des ökonomischen Prinzips, das wir auch als „ökonomisches Prinzip des kleinsten Mittels" bezeichnen können, verlangt dagegen, daß die Verwirklichung eines Zweckes unter Aufwand von möglichst geringen ökonomischen Werten vor sich geht. Da eine größere Menge keinen geringeren Wert repräsentieren kann, als eine geringere, so ist das technische Prinzip des kleinsten Mittels im ökonomischen Prinzip des kleinsten Mittels enthalten. Es folgt hieraus auch, daß wenn nur ein Mittel benutzt wird, sich das ökonomische mit dem technischen Prinzip deckt. Werden aber, was als Regelfall angenommen werden darf, mehrere

---

[1] l. c. S. 152.

Mittel benutzt, so geht das ökonomische Prinzip weiter. Das technische Prinzip sondert zwar nur solche Kombinationen von Mitteln aus, die auch nach dem ökonomischen Prinzip auszusondern wären. Es bleiben aber Kombinationen übrig, die in bezug auf das technische Prinzip indifferent sind, während durch das ökonomische Prinzip eine weitere Aussonderung erfolgt, weil die einzelnen, materiell nicht vergleichbaren und nicht addierbaren Mittel auf den gemeinsamen Nenner des Wertes gebracht werden.

Wir können diese Überlegung noch vertiefen, indem wir uns die einzelnen Kombinationen von Mitteln konkret als Aufwandsvektoren vorstellen. Nach dem technischen Prinzip sind zwei gleich starke[1]) Aufwandsvektoren indifferent. Nach dem ökonomischen Prinzip aber scheidet von diesen beiden Vektoren derjenige aus, dessen Kosten höher sind als die des andern.

Diese Unterscheidung zwischen dem technischen und dem ökonomischen Prinzip hat Cassel unseres Erachtens nicht deutlich genug gezeigt. Auf Grund der gemachten Ausführungen formulieren wir das ökonomische Prinzip, wie es in der vorliegenden Arbeit verstanden werden soll, folgendermaßen: Das ökonomische Prinzip fordert, daß ein gegebener Zweck mit den billigstmöglichen Mitteln, d. h. mit dem niedrigstmöglichen Aufwand an ökonomischen Werten erreicht wird. Auf Grund dieser Definition sehen wir, daß unser Begriff der Kosten dem ökonomischen Prinzip entspricht. Wer sich nach diesem Prinzip richtet, wird stets suchen, die Produktion mit dem billigstmöglichen Aufwandsniveau durchzuführen. Sein Werteverzehr wird also nach unseren „Gesamtkosten des Produktionsniveaus" tendieren und darf somit als Gesamtkosten behandelt werden. Er weist eben dieselben Eigenschaften auf.

III.

Das Ziel der Produktion wird vom Leiter der Unternehmung, vom Unternehmer[2]) gesetzt. Denkbar wären die verschiedensten Zielsetzungen. Wir wollen uns jedoch hier an die Erfahrung halten. Ihr entnehmen wir zwei deutlich unterscheidbare Zielsetzungen, die wir unter dem Namen: „erwerbswirtschaftliches Prinzip" und „Bedarfsdeckungsprinzip" einander gegenüberstellen wollen.

1. Der Unternehmer handelt nach dem erwerbswirtschaftlichen Prinzip, wenn er als Ziel der Produktion die Erreichung eines höchstmöglichen Gewinnes setzt. Diesen Satz müssen wir näher erläutern.

---

[1]) Wir sagen: „Ein Vektor $\mathfrak{a}$ ist schwächer als ein anderer Vektor $\mathfrak{b}$", wenn keine der Komponenten des Vektors $\mathfrak{a}$ größer ist als die entsprechende Komponente des Vektors $\mathfrak{b}$. Wir schreiben dann: $\mathfrak{a} << \mathfrak{b}$. Wir sagen dann auch: „$\mathfrak{b}$ ist stärker als $\mathfrak{a}$" und schreiben $\mathfrak{b} >> \mathfrak{a}$. Gilt weder $\mathfrak{a} << \mathfrak{b}$ noch $\mathfrak{b} << \mathfrak{a}$, so sagen wir: „Die beiden Vektoren $\mathfrak{a}$ und $\mathfrak{b}$ sind gleich stark" und schreiben: $\mathfrak{a} \sim \mathfrak{b}$. Gilt gleichzeitig $\mathfrak{a} << \mathfrak{b}$ und $\mathfrak{b} << \mathfrak{a}$, so sind die beiden Vektoren einander gleich: $\mathfrak{a} = \mathfrak{b}$.

[2]) Wir brauchen hier das Wort „Unternehmer" formal, also nicht etwa im Sinne eines Unternehmers der kapitalistischen Wirtschaft.

Das in der Zeiteinheit produzierte Produkt wird auf dem Markte verkauft. Sein Preis multipliziert mit seiner Menge ist der Erlös dieses
Gutes in der Zeiteinheit, oder, wie wir uns weiterhin ausdrücken wollen,
sein Ertrag. Die Summe der Erträge aller Güter, die von der Unternehmung produziert werden, ist der Ertrag der Unternehmung (in der
Zeiteinheit). Die Differenz zwischen Ertrag und Kosten während einer
gegebenen Zeitstrecke bezeichnen wir als den Gewinn der Unternehmung
in dieser Zeitstrecke. Der Gewinn kann positiv und negativ sein.

Das Streben nach dem höchstmöglichen Gewinn bedeutet somit
ein Streben nach der Erreichung einer größtmöglichen Differenz zwischen
Ertrag und Kosten während einer bestimmten Zeit. Unter vereinfachten
Voraussetzungen wird der Gewinn während dieser Zeit ein Maximum,
wenn der Gewinn in der Zeiteinheit während dieser ganzen Zeit ein Maximum ist. Das eben gekennzeichnete Streben ist also auf die Erzielung
eines höchstmöglichen Gewinnes in der Zeiteinheit gerichtet. In diesem
Sinne wollen wir es im folgenden verstehen.

Um sein Ziel zu erreichen, muß der Unternehmer nach dem ökonomischen Prinzip handeln.

2. Der Unternehmer handelt nach dem Bedarfsdeckungsprinzip,
wenn er als Ziel der Produktion billigstmögliche gedeckte Lieferung
einer etwa angeforderten Produktionsmenge setzt. Auch dieser Satz
bedarf der Erläuterung. Das Wort „gedeckt" soll andeuten, daß alle
aus der Produktion entstehenden Kosten (einschließlich z. B. des Unter-
nehmerlohnes) vom Ertrage gedeckt sein müssen. An Stelle des Gewinnes
tritt hier das „Auskommen".

Auch dieses Ziel verlangt die Beachtung des ökonomischen Prinzips.

3. Diese beiden Prinzipien finden wir in der Realität vor. In der
vorkapitalistischen Wirtschaft mag das zweite überwogen haben. Heute
dominiert das erste. Aber das zweite ist, wie wir noch sehen werden,
nicht etwa bedeutungslos geworden. Vielmehr scheint es, als ob das
Bedarfsdeckungsprinzip wieder an Boden gewinnt.[1]

Wir werden uns im folgenden mit diesen beiden Prinzipien zu befassen
haben. Etwaige sonstige mögliche Zielsetzungen bleiben unberücksichtigt.

IV.

Als letzter zu beachtender gesellschaftlicher Bestimmungsgrund
für die Produktion einer Unternehmung erscheint ihre Marktposition.
Diese Marktposition können wir formal definieren als die Beziehung
zwischen dem erzielbaren Preis und der absetzbaren Menge, der sich
die Unternehmung auf ihrem Markte gegenübersieht. Wir unterscheiden
drei Möglichkeiten.

1. Die Unternehmung kann auf einem Markte anbieten, auf welchem
noch sehr viele andere voneinander unabhängige Unternehmungen
dasselbe Gut anbieten. Wir sprechen hier von freier Konkurrenz. Nehmen
wir die Anzahl dieser Unternehmungen als sehr groß an, so daß die

---

[1] cf. z. B. die Wiener Rede Schmalenbachs, Sommer 1928.

Produktion der Einzelunternehmung so gut wie gar nicht ins Gewicht fällt, so können wir sagen, daß der erzielbare Preis vom Angebot dieser einen Unternehmung unabhängig ist, und daß sie zu diesem Preis praktisch jede beliebige Produktenmenge, deren Produktion für sie in Frage kommt, absetzen kann. Umgekehrt erscheinen diese eben charakterisierten Eigenschaften als Definition der Konkurrenzwirtschaft. Das heißt: Unternehmungen, die in dieser Konkurrenzwirtschaft funktionieren sollen, dürfen auch tatsächlich keine Eigenschaften aufweisen, welche mit diesen Bedingungen unvereinbar sind. Was das bedeutet, wird weiter unten (Kap. 2, § 4) deutlich werden.

2. Die andere Möglichkeit ist, daß sich die Unternehmung einem Markte gegenübersieht, auf welchem ihr Angebot eine merkliche Rolle spielt, weil sie das ganze auf den Markt gelangende Angebot oder den größten Teil davon produziert. Hier ist der Preis abhängig von der Angebotsmenge dieser einen Unternehmung. Und zwar gilt das bekannte Preisgesetz, daß der Preis sinkt, wenn das Angebot steigt und umgekehrt. Das heißt also: der erzielbare Preis ist hier eine monoton abnehmende Funktion der angebotenen Menge. Da die angebotene Menge identisch ist mit der produzierten Menge, also in der Zeiteinheit mit der Produktionsgeschwindigkeit x, so können wir setzen:

$$P = P(x).$$

Eine Verallgemeinerung ergibt sich für den Fall der verbundenen Produktion, wenn man annimmt, daß der Preis eines Gutes nicht nur vom Angebot dieses einen Gutes, sondern auch vom Angebot anderer Güter abhängt. Formal können wir hier auf Grund der Dirichletschen Definition der Funktion den Preis eines Gutes als Funktion der Angebotsmengen aller von der Unternehmung produzierten Güter, d. h. also als Funktion des Produktsvektors auffassen. Wir haben dann für den Preis des Gutes Nr. 1:

$$P_1 = P_1(x_1, x_2, \ldots, x_n) = P_1(\mathfrak{x})$$

usw., im ganzen n-Funktionen von n-Veränderlichen.

Auch hier ist der Preis eines Gutes, z. B. der Preis P_1 des Gutes Nr. 1, eine monoton abnehmende Funktion der Menge x_1 dieses Gutes. Bezüglich der übrigen, von der Unternehmung produzierten Güter Nr. 2 — Nr. n ist sein Verhalten verschieden.[1]

---

[1]) Summarisch wird man etwa folgende Unterscheidung treffen können:

1. Ist ein Gut Nr. i (wobei $i = 2, 3, \ldots n$ sein kann) gegenüber dem Gute Nr. 1 ein konkurrierendes Bedürfnisbefriedigungsmittel, so ist der Preis P_1 eine monoton abnehmende Funktion von x_i; denn ein gesteigertes Angebot des Gutes Nr. i senkt den Preis P_i dieses Gutes. Dadurch wird die Nachfrage vom Gute Nr. 1 zum konkurrierenden Gute Nr. i fortgelockt, was bei gleichbleibendem Angebot des Gutes Nr. 1 ein Sinken des Preises P_1 dieses Gutes zur Folge hat. Entsprechendes gilt für ein vermindertes Angebot des Gutes Nr. i.

2. Ist ein Gut Nr. i (wobei i wieder $2, 3 \ldots n$ sein kann) gegenüber dem Gute Nr. 1 ein komplementäres Gut, so ist der Preis P_1 eine monoton zu-

Zu einem Produktsvektor gehört stets ein Preis eines jeden Gutes, also ein bestimmter Preisvektor. Wir können somit in Analogie zu den Beziehungen zwischen einfachen Zahlengrößen (zwischen Skalaren, wie man sich in der Vektorrechnung ausdrückt) den Preisvektor als Funktion des Produktsvektors darstellen. Wir haben dann:

$$\mathfrak{P} = \mathfrak{P}\,(\mathfrak{x}).$$

Diese Gleichung ersetzt die obigen n-Gleichungen.

3. Eine dritte Möglichkeit bleibt noch zu betrachten übrig, die der Wirklichkeit häufig sehr nahe kommt. Sie ist in gewissem Sinne der ersten Möglichkeit, also der Konkurrenz, verwandt, zeigt aber doch wichtige Besonderheiten. Auch hier finden wir das Angebot aufgeteilt zwischen mehreren voneinander unabhängigen Unternehmungen. Es besteht ein einheitlicher Preis auf dem Markte, dem eine Gesamtnachfrage zugeordnet ist. Der Absatz jedoch, den jede Unternehmung erzielen kann, ist nicht, wie im ersten Falle, praktisch beliebig. Vielmehr verteilt sich die Gesamtnachfrage auf die einzelnen Unternehmungen in einem mehr oder weniger festen Verhältnis. Dieses Verhältnis ergibt sich durch die verschiedensten sozialen Ursachen, die häufig außerwirtschaftlich, ja sogar im Sinne Paretos[1] „alogisch" sind. Gewohnheit, Renommee, Reklame, persönliche Beziehungen und schließlich allgemein der Zufall sind hier maßgebend. Es ist also zwar der Preis von der angebotenen Menge jeder einzelnen Unternehmung wie im ersten Falle unabhängig. Aber die absetzbare Menge ist nicht beliebig, sondern relativ fest. Und zwar wollen wir annehmen, daß die Unternehmung in der Lage ist, durch Aufwendung von Kosten ihren Absatz zu steigern, z. B. durch Absatz-

---

nehmende Funktion von x_i; denn ein gesteigertes Angebot des Gutes Nr. i induziert eine Preissenkung dieses Gutes. Dadurch wird die Bedürfnisbefriedigungsmöglichkeit, die durch die beiden Güter Nr. 1 und Nr. i gemeinsam vermittelt wird, wohlfeiler, was zu einer gesteigerten Nachfrage nach beiden Gütern führt. Diese kann, wenn die Menge x_1 des Gutes Nr. 1 dieselbe bleibt, nur dann entsprechend beschränkt werden, wenn der Preis des Gutes Nr. 1 steigt. Entsprechendes gilt, falls das Angebot des Gutes Nr. i sinkt.

3. Ist das Gut Nr. i weder ein konkurrierendes noch ein Komplementärgut zum Gute Nr. 1, so hängt die Reaktion des Preises P_1 auf die Veränderung der Menge x_i, also des Angebotes des Gutes Nr. i, von der Nachfrageelastizität dieses Gutes Nr. i ab. Ist diese größer als 1, so wird bei einer Vergrößerung des Angebotes des Gutes Nr. i ein größerer Teil des Gesamteinkommens für dieses Gut verwendet als vorher. Dadurch bleibt für die anderen Güter, also auch für das Gut Nr. 1 nur ein geringerer Teil des Gesamteinkommens übrig; deshalb kann in der neuen Situation dieselbe Menge des Gutes Nr. 1 nur zu einem geringeren Preis abgesetzt werden. P_1 ist also in diesem Fall eine monoton abnehmende Funktion der Menge x_i des Gutes Nr. i. Ist die Nachfrageelastizität dieses Gutes kleiner als 1, so ist P_1 eine monoton zunehmende Funktion von x_i, was auf Grund analoger Überlegungen erhellt. Ist also die Elastizität der Nachfrage nach dem Gute Nr. i genau gleich 1, so ist der Preis des Gutes Nr. 1 vom Angebot des Gutes Nr. i unabhängig.

[1] Pareto, l. c. Chap. II, 1 und 2.

organisation, Reklame usw. ihren Anteil am Gesamtangebot zu erhöhen; analog nehmen wir an, daß der Absatz sinkt, wenn die Unternehmung mit ihrer Absatzförderung nachläßt. Die Absatzmenge ist hier von einem bestimmten Teil der Kosten, eben den Kosten der Absatzförderung, abhängig, und zwar ist sie eine monoton steigende Funktion dieser Kosten. Die Absatzkosten können wir ganz analog betrachten und einteilen, wie die Produktionskosten. Wir wollen sie zum Unterschied von den eigentlichen Produktionskosten K mit dem Symbol C bezeichnen. Wir haben dann für den Fall des einfachen Angebotes folgende funktionelle Beziehungen:

$$P = \text{constans}; \quad x = x\,(C); \quad K = K\,(x).$$

Da x eine monoton steigende Funktion von C ist, so können wir diese Funktion umkehren und schreiben dann: $C = C\,(x)$. C ist somit eine monoton steigende Funktion von x. Die gesamten mit der Produktionsgeschwindigkeit x verbundenen Kosten sind die Produktions- und die Absatzkosten, also $K + C$. Sie sind eine Funktion der Produktionsgeschwindigkeit x, die genau dieselben Eigenschaften aufweist, wie unsere Funktion $K\,(x)$ in den früher angestellten Überlegungen. Da außerdem der Preis konstant ist, so liegt hier im Grunde ein Fall vor, der sich vom allgemeinen Fall der freien Konkurrenz, den wir unter 1. betrachtet haben, nicht wesentlich unterscheidet. Wir haben ihn jedoch ausgesondert, weil die hier gegebene Situation nicht ohne weiteres durchsichtig ist, sondern erst durch die eben charakterisierte Transformation auf den allgemeinen Fall zurückgeführt wird. Tatsächlich wird oft von den Kosten eines Gutes gesprochen, wo es sich nur um die Produktionskosten im engeren Sinne, nicht aber auch um die Absatzkosten handelt. Wir müssen vom ökonomischen Standpunkt aus die Absatzkosten als einen Teil der Produktionskosten betrachten. Es wird eben nicht ein Gut schlechthin, sondern ein absatzfähiges Gut produziert. Diese Tatsache ist wichtig. Es mag z. B. häufig der Fall vorliegen, daß die Produktionskosten im engeren Sinne dem Gesetz des zunehmenden Ertrages[1] folgen, während die Absatzkosten so sehr dem Gesetze des abnehmenden Ertrages[1] unterliegen, daß die Gesamtkosten des betreffenden Gutes ebenfalls, wenn auch nicht so stark wie die Absatzkosten, vom Gesetz des abnehmenden Ertrages[1] beherrscht sind[2].

Für den Fall des verbundenen Angebotes liegen die Dinge ähnlich. Hier kann der Absatz eines bestimmten Produktsvektors $\mathfrak{x}$ nur unter Aufwendung von bestimmten Absatzkosten C erreicht werden. C ist also eine Funktion, und zwar aus denselben Gründen wie K eine monoton steigende Funktion von $\mathfrak{x}$. Wir haben hier also für die Gesamtkosten den Ausdruck $K + C$; der Preisvektor $\mathfrak{P}$ ist konstant. Die Darstellung des

---

[1] Siehe weiter unten, Kap. 2, § 1.
[2] Cf. R. F. Harrod, The law of decreasing costs, Economic Journal, 1931, S. 566 ff., sowie die dort zitierten Aufsätze. Ferner: R. G. D. Allen, Decreasing costs: a mathematical note, Economic Journal, 1932, S. 323 ff.

Produktsvektors als Funktion von C analog der für den Fall des einfachen Angebotes sogar als Ausgangssituation gegebenen Darstellung von x als Funktion von C ist hier nicht möglich, da die Monotonität zur eindeutigen Bestimmung von $\mathfrak{x}$ bei gegebenen C nicht ausreicht.[1]) Die hier beschriebene Marktsituation bezeichnen wir als „modifizierte Konkurrenz".

Zweites Kapitel.

Die Kosten in der einfachen Produktion.

§ 1. Die kostentheoretischen Grundbegriffe.

I.

Wir haben bereits im vorigen Kapitel den Begriff „Gesamtkosten" kennengelernt. Wir wissen, daß die Gesamtkosten eine eindeutige, monoton zunehmende Funktion der Produktionsgeschwindigkeit ist. Wir wollen diese Funktion noch etwas genauer betrachten.

Wir denken uns, daß der Betrieb seine Produktionsgeschwindigkeit zu steigern anfängt. Dann steigen auch die Gesamtkosten dieses Betriebes. In welchem Maße steigen sie? Hier müssen wir beachten, daß der Betrieb seine Produktionsgeschwindigkeit nur durch Vermehrung des direkten Aufwandes steigert. Die indirekten Produktionsmittel bleiben voraussetzungsgemäß in ihrem Bestand erhalten. Dies muß im allgemeinen dazu führen, daß von irgend einer Produktionsgeschwindigkeit ab der Betrieb verhältnismäßig unergiebiger wird, d. h. durch jeweils gleiche Gesamtkostenvermehrung nur eine mit steigender Produktionsgeschwindigkeit sinkende Produktsvermehrung erzielt werden kann. Diese Konsequenz aus der Unveränderlichkeit der indirekten Produktionsmittel ist nicht zwingend nachzuweisen. Sie ist jedoch in hohem Maße plausibel. Sie leuchtet ein, wenn man folgendes bedenkt: die indirekten Produktionsmittel bilden eine notwendige Bedingung für die Produzierbarkeit der Produkte. Bleiben sie unverändert, so ändert sich bei steigender Produktionsgeschwindigkeit das Zusammensetzungsverhältnis der Komponenten der Aufwandsvektoren zu Ungunsten der indirekten Produktionsmittel. Es ist zu erwarten, daß dieser Umstand sich in der beschriebenen Weise auf die Produktivität des Betriebes auswirkt. Besonders deutlich ist diese Tatsache in der Landwirtschaft zu erkennen. Betrachten wir den

---

[1]) Wohl aber bilden die bei Aufwendung eines bestimmten Absatzkostenbetrages absetzbaren Produktionsvektoren von n-Dimensionen eine Mannigfaltigkeit vom Range $(n-1)$, gegeben durch die Gleichung $C_0 - C(\mathfrak{x}) = 0$, wobei C_0 vorgegeben ist. Es läßt sich, allgemein gesprochen, im Falle des einfachen Angebotes zwischen C und x, im Falle des verbundenen Angebotes zwischen C und $\mathfrak{x}$ eine Beziehung von der Form $\varphi(x, C) = 0$ bzw. $\varphi(\mathfrak{x}, C) = 0$ aufstellen, wobei die Ableitung $\dfrac{\partial \varphi}{\partial c}$ von Null verschieden ist, so daß C stets als explizite Funktion von x bzw. von $\mathfrak{x}$ dargestellt werden kann.

Boden als unveränderliches Produktionsmittel und stellen ihm die übrigen Produktionsmittel als veränderlich gegenüber (wobei wir unser Blickfeld über eine entsprechend lange Zeitperiode ausdehnen), so ergibt sich in sehr einleuchtender Weise das „Gesetz vom abnehmenden Bodenertrag" oder, wie es Brinkmann[1]) treffend bezeichnet, das Gesetz des abnehmenden Ertragszuwachses.

Dieses Gesetz ist nichts anderes als ein Spezialfall unseres oben formulierten Sachverhaltes. Würde dieses Gesetz nicht gelten, so könnte man durch genügenden Aufwand der veränderlichen Produktionsmittel, ohne Steigerung des Kostenzuwachses auf einem begrenzten, ja sogar auf einem beliebig kleinen Landstück jede beliebige Produktsmenge erzeugen können, was nach allgemeiner Erfahrung unmöglich ist.[2])

Wie ist es nun aber, wenn man ganz allgemein, unabhängig von einem konkreten Betrieb, also bei Annahme, daß alle Produktionsmittel beliebig veränderlich wären, die verschiedenen Produktionsniveaus und die hiezu erforderlichen billigsten Aufwandsvektoren betrachtet? Gilt auch hier, daß mit steigender Produktionsgeschwindigkeit die Gesamtkosten von irgend einem Punkte an verhältnismäßig schneller wachsen, als die Produktionsgeschwindigkeit? Man wird diesen Satz hier nicht in derselben Weise plausibel machen können. Wohl aber folgt er aus einer anderen Tatsache mit fast zwingender Notwendigkeit. Diese Tatsache ist das Prinzip der Knappheit. Die allgemeine Erfahrung sagt, daß es unmöglich ist, mit einer festen Menge an Produktionsmitteln beliebig große Produktionsgeschwindigkeiten zu erzielen. Dann bedingt jedoch das Wachsen der Produktionsgeschwindigkeit eine Vermehrung der Produktionsmittel. Diese sind aber in der Volkswirtschaft nach dem Prinzip der Knappheit fest begrenzt. Folglich kann ihre Vermehrung erstens nicht beliebig weit und zweitens von irgend einem Punkte ab nur zu steigenden Produktionsmittelpreisen, also bei steigendem Kostenzuwachs, vermehrt werden.[3]) Hieraus ergibt sich das oben behauptete Gesetz ganz allgemein.

Der Unterschied zwischen der ersten und der zweiten Begründung dieses Gesetzes liegt darin, daß die Produktionsgeschwindigkeit, bei welcher die Zunahme des Gesamtkostenzuwachses einsetzt, im ersten Falle im allgemeinen viel kleiner ist, als im zweiten. Der zweite Fall gilt natürlich auch für die einzelne Unternehmung; aber es kann vorkommen, daß hier die betreffende Produktionsgeschwindigkeit so groß ist, daß sie aus marktwirtschaftlichen Gründen nicht realisiert wird. Dagegen ist

---

[1]) Brinkmann, Die Ökonomik des landw. Betriebes, G. d. S. Abt. VII (1922), S. 32.

[2]) Jevons, Die Theorie der politischen Ökonomie, Jena 1924, S. 200. Ferner: Barone, Grundzüge der theoretischen Nationalökonomie, Bonn 1927, § 10 am Schluß und § 11.

[3]) cf. Barone, l. c. § 9 und § 10. Dagegen: Bücher, „Gesetz der Massenproduktion" in „Die Entstehung der Volkswirtschaft", 2. Sammlung, Tübingen 1921, S. 92, Anm.

im ersten Falle die Produktionsgeschwindigkeit, von der ab der Gesamt-
kostenzuwachs steigt, verhältnismäßig niedrig.

Aus dem ersten Gesichtspunkt ergibt sich noch eine weitere Eigenschaft der Gesamtkostenfunktion. Genau ebenso nämlich, wie bei hohen
Produktionsgeschwindigkeiten die Zusammensetzung der Produktionsmittel eines Betriebes verhältnismäßig wenig indirekte Produktionsmittel
aufweist, so weist sie bei niedrigen Produktionsgeschwindigkeiten verhältnismäßig viel indirekte oder verhältnismäßig wenig direkte Produktionsmittel auf. Hier ist also das Zusammensetzungsverhältnis der
Komponenten des Aufwandsvektors zuungunsten der direkten Produktionsmittel verschoben. Steigt also die Produktionsgeschwindigkeit, so
wird das Zusammensetzungsverhältnis der Produktionsmittel zunächst
günstiger, d. h. der Kostenzuwachs sinkt.

Wir können hieraus folgendes (wenn auch nicht allgemeingültiges)
Regelbild der Gesamtkostenfunktion ableiten. Lassen wir die Produktionsgeschwindigkeit von 0 ab wachsen, so steigen die Gesamtkosten
dauernd. Aber sie steigen zunächst in sinkendem Maße, d. h. der Gesamt-
kostenzuwachs sinkt zunächst, bis die Produktionsgeschwindigkeit eine
bestimmte Höhe erreicht hat. Steigt die Produktionsgeschwindigkeit
weiter, so setzt von irgend einem Punkte ab eine Steigerung des Gesamtkostenzuwachses ein, die sich bei weiterem Wachsen der Produktionsgeschwindigkeit vielleicht noch verstärkt.[1]

Wir sehen dieses Bild der Gesamtkostenfunktion in der Abb. 1
angedeutet: zwischen dem Nullpunkt und dem Punkte A ist die
Gesamtkostenkurve konkav nach unten, unterliegt also dem Gesetz
des zunehmenden Ertrages. Von A ab herrscht das Gesetz des abnehmenden Ertrages. Nehmen wir noch an (was im folgenden, wenn nichts anderes
ausdrücklich gesagt wird, gelten soll), daß die Gesamtkostenfunktion
regulär, also stetig und mehrfach stetig differenzierbar ist, so können
wir uns den Verlauf dieser Funktion an Hand der Abb. 2 veranschaulichen.[2]

Das eben beschriebene Regelbild ist nicht allgemeingültig. Deshalb
werden wir neben ihm auch anders verlaufende Gesamtkostenfunktionen
zu berücksichtigen haben, insbesondere Funktionen, bei denen der
Kostenzuwachs dauernd sinkt, und Funktionen, bei denen der Kostenzuwachs unverändert bleibt. Die Bedeutung dieser Betrachtung wird
noch dadurch erhöht, daß auch die regelmäßige Gesamtkostenfunktion
abnehmenden Kostenzuwachs aufweist, wenn die Produktionsgeschwindigkeit niedrig ist. Um uns möglichst nahe an den allgemeinen
Sprachgebrauch zu halten, wollen wir im folgenden den Sachverhalt,

[1] Zu diesem Regelbild der Gesamtkostenfunktion cf.: Barone, l. c.
§ 8 bis § 13. Ferner: Kalischer, Der Widerspruch zwischen mathematischer und buchtechnischer Kostenauflösung, Zeitschr. f. handelsw. Forsch.,
April 1929 und insbesondere Januar 1930, S. 18 ff.

[2] Ein anderes Regelbild bringt E. Schneider, Kostenanalyse als
Grundlage einer statistischen Ermittlung von Nachfragekurven, Archiv für
Sozialwissenschaft und Sozialpolitik, Bd. 66 (1931), S. 585 ff. Cf. auch die
daselbst, S. 590 zitierte Literatur.

daß der Kostenzuwachs steigt (konstant bleibt, sinkt), durch den Satz ausdrücken: „Die Unternehmung unterliegt dem Gesetz des abnehmenden (konstanten, zunehmenden) Ertrages." Dieser Satz enthält zwar in seinem wörtlichen Sinne das, um was es sich hier handelt, nur sehr unvollkommen, wie es auch Brinkmann (s. o.) richtig bemerkt.[1]) Aber seine allgemein übliche Anwendung zeigt, daß man ihn für den Sachverhalt setzt, den wir hier ausdrücken wollen. Unter Verwendung dieser Bezeichnungsweise würde z. B. die Beschreibung der regelmäßigen Gesamtkostenfunktion folgendermaßen lauten: Die Unternehmung unterliegt für niederige Produktionsgeschwindigkeiten dem Gesetz des zunehmenden Ertrages. Steigt die Produktionsgeschwindigkeit über ein bestimmtes Maß, so unterliegt die Unternehmung dem Gesetz des abnehmenden Ertrages. Dazwischen gibt es eine Strecke oder auch nur einen Punkt, wo das Gesetz des konstanten Ertrages gilt.[2])

II.

Wir haben in der eben durchgeführten Überlegung mehrfach den Begriff „Kostenzuwachs" gebraucht. Wir wollen uns hier etwas genauer mit dieser Größe befassen.

Der Kostenzuwachs ist die Änderung der Gesamtkosten, die sich ergibt, wenn man die Produktionsgeschwindigkeit um irgend einen Betrag vergrößert oder verringert. Je nachdem, wie man diesen Betrag wählt und ob man ihn abzieht oder addiert, wird der (positive oder negative) Kostenzuwachs verschieden sein. Wir wollen nun ein Maß des Kostenzuwachses einführen. Dies ist der Kostenzuwachs umgerechnet auf die Einheit der Produktionsgeschwindigkeit. Ist ein Kostenzuwachs gegeben, so erhalten wir sein Maß, indem wir den gegebenen Kostenzuwachs durch die zugehörige Änderung der Produktionsgeschwindigkeit dividieren.[3])

---

[1]) cf. auch Barone, l. c. § 11, letzter Absatz.

[2]) Zu diesen Ausführungen und zu den im folgenden definierten Kostenkategorien cf. Schneider, „Zur Interpretation von Kostenkurven", Archiv für Sozialwissenschaft und Sozialpolitik, Bd. 65, S. 269 ff., Abschn. A und B. Dem Abschn. C in Schneiders Aufsatz kann zum Teil nicht zugestimmt werden. Insbesondere dürften die Ausführungen, die zu dem Satz auf S. 292 führen: „Die Abweichungen der tatsächlichen Stückkostenkurve von der Planungsstückkostenkurve hängen allein ab von der Größe des Anteils der fixen Kosten...", und die nachfolgenden Sätze nicht haltbar sein. Die Parabel $\Psi(x)$, Gl. (18), hat in ihrem Minimum ($x = x_0$) eine wagerechte Tangente. Deshalb wird sie im Punkte $\Psi(x_0)$ von jeder schrägen Kurve, die durch diesen Punkt geht, geschnitten. Rechts oder links von diesem Punkte verläuft also diese Kurve oberhalb der Parabel $\Psi(x_0)$. Deshalb ist die Schneidersche Bedingung (16) innerhalb eines bestimmten, durch x_0 an dem einen Ende begrenzten Intervalls für kein α erfüllbar. Eine untere Grenze läßt sich somit für α nicht in der von Schneider angegebenen Form bestimmen.

[3]) Wir erhalten so die Größe, der Schmalenbach ursprünglich den Namen „proportionaler Satz" gegeben hatte und die er jetzt als „Grenzkosten" bezeichnet (Selbstkostenrechnung, S. 52). Wir halten diese Namens-

Ist die Gesamtkostenfunktion regulär (was wir annehmen wollen), so werden die verschiedenen Maße des Kostenzuwachses einer Produktionsgeschwindigkeit einander desto mehr angeglichen, je kleiner die Änderungen der Produktionsgeschwindigkeit angenommen werden. Läßt man die Änderungen immer kleiner werden, so streben alle Maße des zugehörigen Kostenzuwachses einem einzigen Wert zu. Dieser Wert läßt sich definieren als das Maß des Kostenzuwachses für die allernächste Umgebung einer Produktionsgeschwindigkeit. Er ist nichts anderes als der erste Differentialquotient der Gesamtkostenfunktion.

Zu jeder Produktionsgeschwindigkeit gehört eine Zahl, die das Maß des Kostenzuwachses darstellt. Dieses Maß ist also eine Funktion der Produktionsgeschwindigkeit. Wir wollen es im folgenden, im Anschluß an den allgemeinen Sprachgebrauch, mit dem nicht sehr glücklichen Namen ,,Grenzkostenhöhe'' oder auch einfach ,,Grenzkosten'' bezeichnen. Da die Grenzkostenhöhe der erste Differentialquotient der Gesamtkostenfunktion ist, so wollen wir für die Grenzkostenhöhe das Symbol K' einführen.[1])

Alles, was wir in I über den Kostenzuwachs gesagt haben, gilt auch für die Grenzkostenhöhe. Wir werden im folgenden nur mit diesem Begriff operieren, weil er exakt ist.

III.

Bei der Wahl des Namens für die erste Ableitung der Gesamtkostenfunktion hätten wir an sich vorteilhaft die Bezeichnung ,,Gesamtkostensteigung'' verwenden können. Denn die Ableitung ist nichts anderes, als das Maß für die Steigung der Grundfunktion in einem bestimmten Punkte. Diesen Namen haben wir uns aufgespart für die Ableitung der Grenzkostenhöhe. Wir wollen diese Ableitung als ,,Grenzkostensteigung'' bezeichnen. Sie ist nichts anderes, als das Maß für die Steigung (diese kann positiv oder negativ sein) des Kostenzuwachses. Überall in I, wo wir von der Steigung des Kostenzuwachses gesprochen haben, können wir jetzt den Begriff ,,Grenzkostensteigung'' einsetzen. Da die Grenzkostensteigung der zweite Differentialquotient der Gesamtkostenfunktion ist, so führen wir für sie das Symbol K'' ein. Auch K'' ist eine Funktion der Produktionsgeschwindigkeit.[2])

änderung für nicht sehr glücklich. Die Wirtschaftstheorie pflegt das Wort ,,Grenzkosten'' für den Differentialquotienten der Gesamtkostenfunktion zu verwenden. Hier handelt es sich aber um einen Differenzenquotienten, der einen Näherungswert des Differentialquotienten darstellt. Es ist zweckmäßig, den Wert, der approximiert werden soll, und den Wert, der approximiert, verschieden zu bezeichnen.

[1]) Es gilt also:
$$K' = \frac{d\,K\,(x)}{d\,x} = K'\,(x).$$

cf. hiezu: A m o r o s o, l. c. S. 4, ,,il costo marginale''.

[2]) Wir haben demnach:
$$K'' = \frac{d^2\,K\,(x)}{d\,x^2} = K''\,(x).$$

Unter Verwendung der mathematisch-exakten Begriffsbildung können wir die regelmäßige Gesamtkostenfunktion folgendermaßen beschreiben:

1. Für alle x unterhalb einer bestimmten Größe a, also im Intervall $(0, a)$ gilt das Gesetz des zunehmenden Ertrages: $K'' < 0$.

2. Oberhalb von a bis zu einer bestimmten Größe b, also im Intervall (a, b) gilt das Gesetz des konstanten Ertrages: $K'' = 0$.

Ist die Gesamtkostenkurve regulär, d. h. mehrfach stetig differenzierbar, so fallen die beiden Größen a und b meist zusammen. Dann hat K'' nur für $x = a = b$ den Wert Null.

3. Oberhalb von b, also für alle $x > b$ gilt das Gesetz des abnehmenden Ertrages: $K'' > 0$.

Da K monoton steigt, ist K' überall positiv. Und zwar fällt K' im Intervall $(0, a)$, ist konstant im Intervall (a, b) und steigt für alle $x > b$.

Die Abb. 2 macht diesen Sachverhalt anschaulich.

Vom Punkte A bis zum Punkte B ist die Gesamtkostenkurve K konkav nach unten. Die Unternehmung unterliegt also für alle Produktionsgeschwindig-

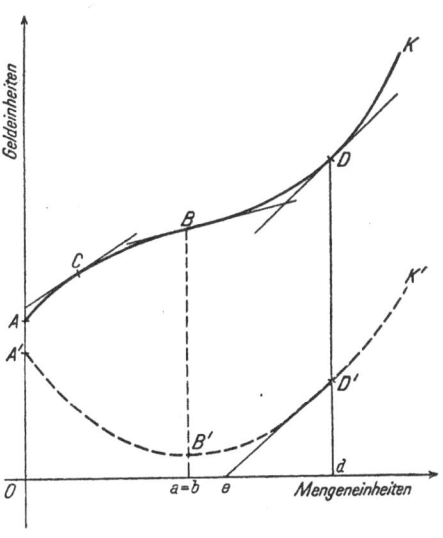

Abb. 2

keiten zwischen den Punkten 0 und b dem Gesetz des zunehmenden Ertrages. Die Grenzkosten, die in jedem Punkte der Kurve durch den Tangens des Richtungswinkels der Kurventangente in diesem Punkte gegeben sind, sinken offenbar zwischen 0 und b, wenn der betreffende Kurvenpunkt nach rechts rückt, die Produktionsgeschwindigkeit also steigt. Wir sehen, daß z. B. die Tangente im Punkte C steiler ist als die im weiter rechts liegenden Punkte B.

Für alle Punkte, die rechts von B liegen, d. h. also für alle Produktionsgeschwindigkeiten, die größer sind als $\overline{Ob}$, unterliegt die Unternehmung dem Gesetze des abnehmenden Ertrages. Wir sehen sofort, daß die Tangente im Punkte D steiler ist als die Tangente im weiter links liegenden Punkte B.

Der Punkt B zeichnet sich dadurch aus, daß er der Wendepunkt der Kurve ist. Alle Kurvenpunkte links von ihm liegen unterhalb der Wendetangente wie auch unterhalb jeder Tangente im Kurvenabschnitt $\overarc{AB}$. Alle Kurvenpunkte rechts von B liegen oberhalb der Wendetangente wie auch oberhalb jeder anderen Tangente rechts von B.

Da die Grenzkosten durch den Richtungstangens der Gesamtkosten-

kurve in jedem Punkt gegeben sind, so kann man sie aus der Gesamtkostenkurve konstruieren. In der Abb. 2 ist diese Konstruktion dür den
Gesamtkostenkurvenpunkt D mit dem Fußpunkt d, also für die Produktionsgeschwindigkeit $\overline{Od}$ durchgeführt. Wir tragen von d nach links die
Einheitsstrecke ab. Es sei $\overline{ed} = 1$. Wir ziehen durch e die Parallele zur
Tangente an die Gesamtkostenkurve in D. Diese Parallele schneidet
die Ordinate $\overline{dD}$ des Punktes d in D'. Dann ist $\overline{dD'}$ die gesuchte Grenzkostenhöhe, D' somit der zur Abszisse $\overline{Od}$ zugehörige Grenzkostenkurven-
punkt. Es ist nämlich $\measuredangle\ deD'$ der Richtungswinkel der Tangente in D.

Sein Tangens ist $\dfrac{\overline{dD'}}{\overline{ed}} = \overline{dD'}$, da $\overline{ed} = 1$ ist.

So erhalten wir durch Punktkonstruktion die in der Abb. 2 punktiert
gezeichnete Grenzkostenkurve K'. Ihr niedrigster Punkt, der Punkt,
wo die Grenzkosten zu fallen aufhören, ist B'.

Die Kurve der Grenzkostensteigung ergibt sich aus der Grenzkostenkurve auf dieselbe Weise, wie die Grenzkostenkurve aus der Gesamtkostenkurve. Wir haben sie nicht besonders eingezeichnet.

IV.

Zum Schlusse müssen wir noch eine Funktion einführen, die bisher
nicht vorgekommen ist, die wir aber später brauchen werden. Das ist
die Durchschnittskostenfunktion. Eine bestimmte Produktionsgeschwindigkeit bedingt bestimmte Gesamtkosten. Diese Gesamtkosten, dividiert durch die zugehörige Produktionsgeschwindigkeit, ergeben die
Durchschnittskosten. Für diese neue Funktion führen wir das Symbol
K^* ein. K^* ist auch eine Funktion der Produktionsgeschwindigkeit.[1]

Analog können wir den Begriff „durchschnittliche variable Kosten"
definieren, indem wir nicht die Gesamtkosten einer Produktionsgeschwindigkeit, sondern nur deren variable Kosten durch sie dividieren. In
Analogie zu K^* bezeichnen wir diese neue Größe mit K_{II}^*.[1]

K^* und K_{II}^* sind in der Abb. 3 graphisch veranschaulicht.

Die Durchschnittskosten sind definiert als Quotient aus Ordinate
und Abszisse eines Kurvenpunktes der Gesamtkosten. Bezeichnet man
die Verbindung des Nullpunktes und eines Kurvenpunktes als den Fahr-

---

[1] Wir haben also:

$$K^* = \frac{K(x)}{x} = K^*(x)$$

$$K_{II}^* = \frac{K_{II}(x)}{x} = K_{II}^*(x)$$

$$K^* = \frac{K_I}{x} + K_{II}^*$$

Mit wachsendem x nähern sich die beiden Funktionen $K^*(x)$ und $K_{II}^*(x)$
asymptotisch, da K_I konstant ist und $\lim\limits_{x \to \infty} \dfrac{K_I}{x} \to 0$.

strahl dieses Kurvenpunktes, so können wir also sagen, daß die Durchschnittskosten als Tangens des Winkels zwischen der Mengenachse und dem Fahrstrahl der Gesamtkostenkurve definiert sind. Aus dieser Definition ergibt sich auch die Konstruktion der Kurvenpunkte der Durchschnittskostenkurve; in der Abb. 3 ist sie für die Produktionsgeschwindigkeit d durchgeführt: Wir errichten im Einheitspunkt e ($\overline{Oe}=1$) das Lot $\overline{eE}$ und projizieren den Schnittpunkt F des Lotes $\overline{eE}$ und des Fahrstrahles $\overline{OD}$ auf die Ordinate $\overline{dD}$ des betreffenden Gesamtkostenkurvenpunktes D. Die Projektion D^* ist der gesuchte Punkt der Durchschnittskostenkurve K^*, dessen Fußpunkt d ist. Es sind nämlich die Durchschnittskosten der Produktionsgeschwindigkeit $\overline{Od}$ der Quotient $\dfrac{\overline{dD}}{\overline{OD}}$.

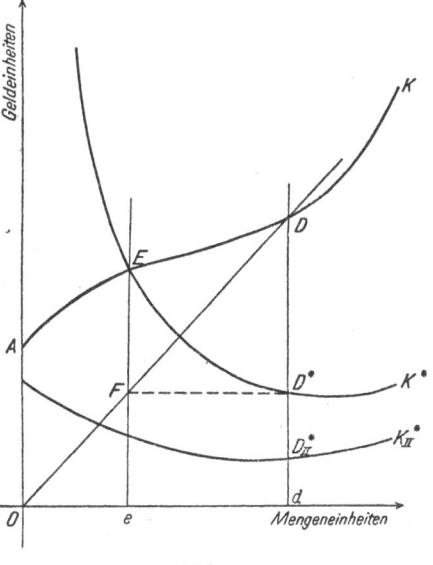

Es gilt nach dem Strahlensatz:

$$\frac{\overline{dD}}{\overline{Od}} = \frac{\overline{eF}}{\overline{Oe}} = \overline{eF} = \overline{dD^*},$$

da ja $\overline{Oe}=1$ und $\overline{eF}=\overline{dD^*}$ nach Konstruktion.

Wir haben also den zur Produktionsgeschwindigkeit $\overline{Od}$ zugehörigen Punkt der Durchschnittskurvenkosten konstruiert. Durch Konstruktion weiterer Punkte ergibt sich schließlich als deren geometrischer Ort die Durchschnittskostenkurve K^*. K_{II}^* ergibt sich durch eine entsprechende Konstruktion, indem man zunächst an Stelle von O den Punkt A setzt und nachher die gefundene Kurve um $\overline{OA}$ ($=K_1$) nach unten verschiebt.

Abb. 3

Mit Hilfe der in diesem Paragraphen definierten und beschriebenen Funktionen werden wir im Folgenden die Analyse der regulierenden Gesetze der Produktion fortsetzen. Wir werden uns zunächst mit Produktionsgeschwindigkeiten befassen, denen vom innerbetrieblichen Standpunkt eine Bedeutung zukommt, um danach die Situation der Unternehmung auf dem Markte zu betrachten.

§ 2. Das Betriebsoptimum.

I.

Die Unternehmung kann verschiedene Produktionsgeschwindigkeiten zu verschiedenen Gesamtkosten realisieren. Wir wollen jetzt untersuchen, welche Produktionsgeschwindigkeit relativ die billigste ist. Wir wollen zunächst genauer formulieren, was darunter zu verstehen ist. Der Preis, der für die Einheit einer in der Zeiteinheit produzierten Produktenmenge gezahlt werden muß, damit durch den Ertrag gerade die zugehörigen Gesamtkosten gedeckt werden, ist den Durchschnittskosten gleich. Denn die Durchschnittskosten, multipliziert mit der Produktionsgeschwindigkeit (also mit der Anzahl der in der Zeiteinheit produzierten Produkteneinheiten) ergeben gerade die Gesamtkosten (ex definitione). Diesen Preis wollen wir Kostendeckungspreis nennen. Zu jeder Produktionsgeschwindigkeit gehört ein Kostendeckungspreis. Diejenige Produktionsgeschwindigkeit, welche den niedrigsten Kostendeckungspreis hat, ist offenbar die billigste. Denn unter allen Preisen, zu welchen die Unternehmung ohne Verlust verkaufen kann, ist der Kostendeckungspreis dieser Produktionsgeschwindigkeit der niedrigste; die Unternehmung kann zu diesem Preis nur gerade diese Produktionsgeschwindigkeit und keine andere ohne Verlust verkaufen. Wir wollen deshalb diese Produktionsgeschwindigkeit die optimale nennen. Die allgemeine Situation der Unternehmung, wenn sie die optimale Produktionsgeschwindigkeit realisiert, bezeichnen wir als ihr Betriebsoptimum. Es wäre jedoch durchaus nicht richtig, anzunehmen, daß die Unternehmung stets ihr Betriebsoptimum realisieren müsse. Meistens wird sogar die Produktionsgeschwindigkeit, welche von der Unternehmung realisiert werden muß, auf Grund der Gesetze, die wir noch ableiten werden, von der optimalen verschieden sein. Das Betriebsoptimum ist eben nur eine durch bestimmte Eigenschaften ausgezeichnete Situation der Unternehmung. Unsere Aufgabe wird es jetzt sein, dieses Betriebsoptimum näher zu bestimmen.

II.

Welche Produktionsgeschwindigkeit ist die optimale? Nach Definition diejenige, deren Kostendeckungspreis der niedrigste ist. Da der Kostendeckungspreis den Durchschnittskosten gleich ist, so ist also die optimale Produktionsgeschwindigkeit dadurch ausgezeichnet, daß sie die niedrigsten Durchschnittskosten hat. Anders ausgedrückt: die optimale Produktionsgeschwindigkeit hat als Durchschnittskosten das Minimum der Durchschnittskostenfunktion.

Die Abb. 4 soll uns den hier gegebenen Tatbestand veranschaulichen.

Da die Durchschnittskosten durch den Richtungstangens des Gesamtkostenfahrstrahls definiert sind, so müssen wir zur Bestimmung des Betriebsoptimus den Fahrstrahl suchen, der am flachsten ist.

Dies ist offenbar der Fahrstrahl, der so beschaffen ist, daß kein Punkt der Kurve zwischen ihm und der Mengenachse liegt. Würde nämlich ein Kurvenpunkt in dem genannten Gebiet liegen, so wäre dessen Fahrstrahl flacher.

Hat die Kurve in dem Optimalpunkte P eine Tangente, so ist diese mit dem Fahrstrahl identisch. D. h. anders ausgedrückt: die Tangente des Betriebsoptimums ist dadurch ausgezeichnet, daß sie durch den Nullpunkt geht. Das bedeutet aber:

(I) Im Betriebsoptimum sind die Grenzkosten und die Durchschnittskosten einander gleich.

Diesen Satz bezeichnen wir als Fundamentalsatz des Betriebsoptimums. Er zeigt eine überraschende Eigenschaft des Betriebsoptimums. Dieses läßt sich somit auch durch den Schnittpunkt der Grenz- und der Durchschnittskostenkurve definieren. In der Abb. 4 ist $\overline{Op}$ die optimale Produktionsgeschwindigkeit, $\overline{p\,P}$ der niedrigste Kostendeckungspreis.

III.

1. Eine weitere wichtige Eigenschaft des Betriebsoptimums ist die Tatsache, daß die Gesamtkostenkurve in diesem Punkte konvex nach unten ist (vgl. Abb. 4). Wäre sie hier konkav nach unten, so gäbe es Fahrstrahle, die flacher wären, als der Fahrstrahl $\overline{OP}$. Dann wäre P nicht das Betriebsoptimum. Wir wissen aber, daß dort, wo die Gesamtkostenkurve konvex nach unten ist, das Gesetz des abnehmenden Ertrages gilt.[1]) Somit gilt der Satz:

(II) Für das Betriebsoptimum gilt das Gesetz des abnehmenden Ertrages.

Das bedeutet ferner, daß die optimale Produktionsgeschwindigkeit stets größer sein muß als die weiter oben[1]) definierte Größe b. Soweit also eine Unternehmung dem Gesetze des zunehmenden oder konstanten Er-

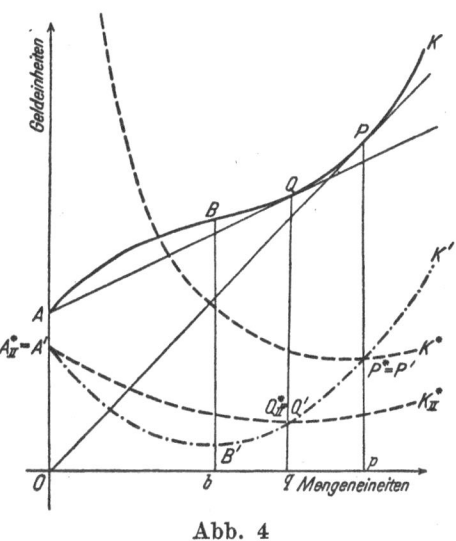

Abb. 4

trages unterliegt, kann sie kein Betriebsoptimum besitzen. Die relativ billigste Produktionsgeschwindigkeit liegt somit nicht dort, wo der Kostenzuwachs am niedrigsten ist, sondern geht um ein beträchtliches Stück[2]) über diesen Punkt hinaus.

2. Eine wichtige Tatsache ergibt sich, wenn man die Grenzkosten und die Durchschnittskosten für alle Werte von x miteinander vergleicht. Es gilt nämlich der Satz:

(III) Ist die Gesamtkostenkurve regulär und regelmäßig, so sind die Durchschnittskosten für alle Produktionsgeschwindigkeiten unterhalb der optimalen größer, für alle Produktionsgeschwindigkeiten oberhalb der optimalen kleiner als die Grenzkosten.

---

[1]) cf. § 1, III dieses Kapitels.
[2]) Dieses Stück läßt sich abschätzen. Cf. Anh. A.

Dieser Satz läßt sich für die regelmäßige Gesamtkostenkurve auf analytischem Wege streng beweisen. Plausibel wird der Satz ohne weiteres aus der Abb. 4. Alle Tangenten an die regelmäßige Gesamtkostenkurve zwischen den Punkten A und P treffen nämlich die Ordinatenachse in ihrem positiven Abschnitt, sind also nicht so steil wie die zugehörigen Fahrstrahlen. Alle Tangenten rechts von P treffen dagegen die Ordinatenachse in ihrem negativen Abschnitt, sind also steiler als die zugehörigen Fahrstrahlen. Dementsprechend sind auch die Ordinaten der Grenzkostenkurve K' zwischen O und p kleiner, rechts von p größer als die entsprechenden Ordinaten der Durchschnittskostenkurve K^*.

Dieser Satz erlaubt es uns, sobald die Gesamtkostenfunktion bekannt ist, bei jeder Produktionsgeschwindigkeit sofort zu erkennen, ob sie kleiner oder größer als die optimale Produktionsgeschwindigkeit ist. Sind die Durchschnittskosten größer als die Grenzkosten, so ist die Produktionsgeschwindigkeit kleiner als die optimale. Die Durchschnittskosten sind fallend. Sind die Durchschnittskosten kleiner als die Grenzkosten, so ist die Produktionsgeschwindigkeit größer als die optimale: die Durchschnittskosten sind steigend.

Wir wollen hier zwei Bezeichnungen einführen, die Schmalenbach[1]) geprägt hat und die zur Charakterisierung der Situation, in der sich die Unternehmung jeweils befindet, sehr bequem sind. Es sind Bezeichnungen, die nicht an die regelmäßige Gesamtkostenfunktion gebunden sind, sondern allgemein verwendet werden können: Sind die Durchschnittskosten größer als die Grenzkosten, so wollen wir sagen: die Gesamtkosten sind degressiv; die Unternehmung befindet sich in Kostendegression. Sind die Durchschnittskosten kleiner als die Grenzkosten, so wollen wir sagen: die Gesamtkosten sind progressiv; die Unternehmung befindet sich in Kostenprogression.

Inwiefern diese Bezeichnungen hier in demselben Sinne gebraucht werden, wie bei Schmalenbach, werden wir bei späterer Gelegenheit[2]) noch zeigen.

Unter Verwendung dieser Bezeichnungen lautet unser Satz:

(III a) Unterhalb des Betriebsoptimums liegt Kostendegression, oberhalb Kostenprogression vor.

Denken wir uns bei Abänderung der Kostenkurven die optimale Produktionsgeschwindigkeit immer größer, so wird auch der Bereich immer größer, welcher der Kostendegression unterliegt. Wir können unseren obigen Satz auch so formulieren: Solange das Betriebsoptimum noch nicht erreicht ist, liegt Kostendegression vor. Hieraus folgt:

(III b) Unternehmungen, für die das Gesetz des zunehmenden Ertrages gilt, unterliegen der Kostendegression.[3]) Dasselbe gilt auch für den Fall des konstanten Ertrages.

---

[1]) Schmalenbach, Selbstkostenrechnung, S. 32 ff.
[2]) Siehe Anhang C.
[3]) Weil nämlich die ganze Kostenkurve konkav nach unten ist, also $p \dashrightarrow \infty$.

Andererseits ist es wichtig, festzustellen, daß wenn die Unternehmung für alle Produktionsgeschwindigkeiten dem Gesetz des abnehmenden Ertrages unterliegt, die Produktionsgeschwindigkeiten trotzdem in einem bestimmten Anfangsintervall Kostendegression aufweisen. Dieses Intervall ist (ceteris paribus) desto größer, je größer K_I ist. Wir werden im nächsten Paragraphen sehen, daß bei den hier angenommenen Voraussetzungen p nur dann mit dem Nullpunkt zusammenfällt, wenn die konstanten Kosten den Wert O haben.

§ 3. Das Betriebsminimum.

I.

Uns soll jetzt ein anderes Problem beschäftigen, das mit dem vorhergehenden große Ähnlichkeiten aufweist. Dort gingen wir aus vom Problem, den niedrigsten Kostendeckungspreis und die zugehörige Produktionsgeschwindigkeit zu bestimmen. Hier fragen wir uns: Welches ist der niedrigste Preis, zu welchem die Unternehmung überhaupt noch produzieren könnte, ohne einen größeren Verlust zu erleiden, als wenn sie (für kurze Zeit) die Produktion aufgeben würde? Dieser niedrigste Preis fällt durchaus nicht mit dem niedrigsten Kostendeckungspreis zusammen. Dies zeigt folgende Überlegung: Die konstanten Kosten sind der Betrag, den die Unternehmung unter allen Umständen, also auch wenn der Betrieb stilliegt, tragen muß. Der größte Verlust, den die Unternehmung bei laufender Produktion erleiden kann, ohne ungünstiger dazustehen, als wenn sie stilliegt, ist demnach den konstanten Kosten gleich. Der Preis, den wir hier suchen, braucht deshalb nur die variablen Kosten zu decken. Er ist also den durchschnittlichen variablen Kosten gleich; und da wir den niedrigsten dieser Preise suchen, so ergibt sich auf Grund einer analogen Überlegung, wie zu Anfang des vorigen Paragraphen, daß wir das Minimum der durchschnittlichen variablen Kosten bestimmen müssen. Die Produktionsgeschwindigkeit, welche die durchschnittlichen variablen Kosten zu einem Minimum macht, bezeichnen wir als die minimale; die entsprechende Situation der Unternehmung nennen wir „Betriebsminimum".

Das Betriebsminimum stimmt mit dem Betriebsoptimum überein, wenn man die konstanten Kosten gleich Null setzt. Es ergeben sich aus dieser Feststellung Sätze, die in genau derselben Weise abzuleiten sind, wie die entsprechenden Sätze für das Betriebsoptimum. Graphisch ergibt sich das Betriebsminimum, indem wir den flachsten Strahl konstruieren, der vom Punkte A nach einem Kurvenpunkte geht; wenn wir also vom Punkte A aus die Tangente an die Gesamtkostenkurve legen. Wir bezeichnen den Kurvenpunkt des Betriebsminimums mit Q und seine Abszisse mit q. Abb. 4 zeigt, daß sich die Eigenschaften von Q von den Eigenschaften von P nur in den Teilen unterscheiden, die von den konstanten Kosten abhängig sind. Die geometrische Situation ergibt sich aus der Analogie zum Betriebsoptimum auf Grund der Abb. 4 von selbst.

So erhalten wir zunächst den Fundamentalsatz des Betriebsminimums:

(IV) Im Betriebsminimum sind die Grenzkosten und die durchschnittlichen variablen Kosten einander gleich.[1])

Somit ergibt sich die Konstruktion der minimalen Produktionsgeschwindigkeit als Abszisse des Schnittpunktes $Q_{II}^* = Q'$ der Kurven der durchschnittlichen variablen Kosten und der Grenzkosten.

Ferner ist leicht einzusehen, daß der Punkt Q ebenso wie der Punkt P auf dem konvexen Ast der regulären Gesamtkostenkurve, und zwar zwischen B und P liegt (vgl. weiter unten Satz VIII).

(V) Auch für das Betriebsminimum gilt also das Gesetz des abnehmenden Ertrages.

Es ist somit $q > b$. Soweit eine Unternehmung dem Gesetze des zunehmenden Ertrages unterliegt, kann sie kein Betriebsminimum besitzen. Es ist jedoch leicht einzusehen, daß dies, anders als für das Betriebsoptimum, für das Gesetz des konstanten Ertrages nicht immer gilt. Es gibt nämlich Grenzfälle, wo b und q zusammenfallen. Haben wir z. B. eine Unternehmung, die in einem Anfangsintervall dem Gesetz des konstanten Ertrages und danach dem Gesetz des abnehmenden Ertrages unterliegt[2]), so kann jeder Punkt zwischen O und b als Betriebsminimum betrachtet werden. Denn der flachste Strahl vom Punkte A zur Gesamtkostenkurve fällt hier mit dem ersten Kurvenabschnitt zusammen.

Ein anderer Fall ergibt sich, wenn die Unternehmung für alle Produktionsgeschwindigkeiten dem Gesetz des abnehmenden Ertrages unterliegt. Hier fallen b und q mit dem Nullpunkt zusammen. Der Fahrstrahl von A zur Gesamtkostenkurve ist in diesem Falle desto flacher, je kürzer er ist, je näher also der von ihm getroffene Punkt der Gesamtkostenkurve zum Punkte A liegt. Dasselbe gilt von der Tangente an diese Gesamtkostenkurve.

Aus der Abb. 4 ist unmittelbar zu ersehen, daß die Grenzkostenkurve und die Kurve der variablen Durchschnittskosten die Ordinatenachse in ein und demselben Punkte A treffen. Diese Eigenschaft kommt allen regulären[3]) Gesamtkostenfunktionen zu. Der Fahrstrahl von A zu einem Gesamtkostenkurvenpunkt R fällt nämlich mit der Tangente an die

---

[1]) cf. hiezu Amoroso, l. c. S. 5: Sein „punto di fuga" ist nichts anderes als unser Betriebsminumum, was auch aus Abb. 1 seines Aufsatzes ohne weiteres einleuchtet. Demgegenüber verwirklicht der Tatbestand seiner Abb. 2 (S. 7) unser „Optimum"; hier ist sein „prezzo di fuga", den er mit $b + 2\sqrt{a\,c'}$ berechnet, in Wirklichkeit unser Optimalpreis. Er widerspricht in seinen Eigenschaften der Definition, die Amoroso auf S. 5 seines Aufsatzes dem „prezzo di fuga" gibt.

[2]) Cf. Schneider l. c. (S. 22, Anm. 2).

[3]) Es sei an dieser Stelle noch besonders darauf aufmerksam gemacht, daß „regulär" und „regelmäßig" in unserem Zusammenhang zwei ganz verschiedene Begriffe sind. „Regelmäßig" bedeutet: „dem Regelbild entsprechend". „Regulär" heißt: mehrfach stetig differenzierbar, d. h. also „glatt" (ohne Ecken) für K, K' und K''.

Gesamtkostenkurve in R zusammen, wenn der Punkt R gegen A rückt. Wir können also sagen:

(VI) Je kleiner die Produktionsgeschwindigkeit ist, desto weniger unterscheiden sich ihre Grenzkosten und ihre variablen Durchschnittskosten.[1])

II.

Genau so wie für das Betriebsoptimum gilt für das Betriebsminimum der Satz:

(VII) Ist die Gesamtkostenkurve regulär und regelmäßig, so sind die durchschnittlichen variablen Kosten für alle Produktionsgeschwindigkeiten unterhalb der minimalen größer, für alle Produktionsgeschwindigkeiten oberhalb der minimalen kleiner als die Grenzkosten.

Dieser Satz wird durch die Darstellung in Abb. 4 plausibel gemacht.

Alle Tangenten an die regelmäßige Kostenkurve zwischen den Punkten A und Q treffen nämlich die Ordinatenachse oberhalb von A, sind also nicht so steil, wie die Verbindungsstrahlen von A nach den zugehörigen Kurvenpunkten. Alle Tangenten rechts von Q treffen dagegen die Ordinatenachse unterhalb von A, sind also steiler als die zugehörigen Verbindungsstrahlen von A nach den Kurvenpunkten. Dementsprechend sind auch die Ordinaten von K' links von Q_{II}^* kleiner und rechts von Q_{II}^* größer als die zugehörigen Ordinaten von K_{II}^*.

Dieser Satz erlaubt uns festzustellen, ob eine beliebige Produktionsgeschwindigkeit größer oder kleiner ist als die minimale. Im ersten Falle ist $K'(x) > K_{II}^*(x)$, im zweiten: $K'(x) < K_{II}^*(x)$.

Wir können die Bezeichnungen „progressiv" und „degressiv" auch auf die variablen Kosten beziehen. Dann gilt der Satz:

(VIIa) Die variablen Kosten sind unterhalb des Betriebsminimums degressiv, oberhalb progressiv.

Wir wollen jetzt noch die Lage des Punktes q gegenüber dem Punkte p bestimmen. Beide Punkte liegen oberhalb des Punktes b, von welchem ab die Grenzkostenhöhe steigt. Die Funktion $K'(x)$ ist hier also monoton steigend.

Für $x = q$ hat $K'(x)$ den Wert $K_{II}^*(q)$, für $x = p$ den Wert $K^*(p)$. Nun ist $K_{II}^*(q) < K_{II}^*(p) < K^*(p)$. Hieraus folgt: $K'(q) < K'(p)$ und somit, da $K'(x)$ monoton steigt: $q < p$. Somit liegt q zwischen b und p.[2])

Wir können also den Satz aussprechen:

---

[1]) Wir sehen diesen Tatbestand auch in der Abb. 1 des zitierten Aufsatzes von Amoroso (S. 5) verwirklicht, woraus schon äußerlich zu ersehen ist, daß es sich bei Amoroso dort um das Betriebsminimum handelt. Der erwähnte Tatbestand fehlt in seiner Abb. 2 (S. 7); hier handelt es sich eben um das Betriebsoptimum.

[2]) cf. die Ausführungen zu Satz (IV).

(VIII) Zwischen dem Betriebsminimum und dem Betriebsoptimum sind die Gesamtkosten degressiv, die variablen Kosten progressiv.

Denken wir uns (bei Abänderung der Gesamtkostenfunktion) die minimale Produktionsgeschwindigkeit immer größer, so wird auch der Bereich immer größer, in welchem die variablen Kosten degressiv verlaufen. Hieraus folgt, genau ebenso wie beim Betriebsoptimum:

(VIIb) Unternehmungen, für die das Gesetz des zunehmenden Ertrages gilt, unterliegen der Degression der variablen Kosten.

Dagegen unterliegen Unternehmungen, für die bei allen Produktionsgeschwindigkeiten das Gesetz des abnehmenden Ertrages gilt, bei keiner Produktionsgeschwindigkeit der Degression der variablen Kosten, wie wir schon oben (Satz V, zweiter Zusatz) sahen.

IV.

Zusammenfassend können wir folgende Eigenschaften der regelmäßigen Gesamtkostenfunktionen feststellen (vgl. Abb. 4).

1. Bis zum Punkt b fallen die Grenzkosten, von hier ab steigen sie.

2. Bis zum Punkt q fallen die durchschnittlichen variablen Kosten, von hier ab steigen sie. In q sind sie den Grenzkosten gleich, unterhalb sind sie größer, oberhalb kleiner als die Grenzkosten. Unterhalb von q befinden sich die variablen Kosten in Degression, oberhalb in Progression.

3. Bis zum Punkt p fallen die Durchschnittskosten, von hier ab steigen sie. In p sind sie den Grenzkosten gleich, unterhalb von p sind sie größer, oberhalb kleiner als die Grenzkosten. Unterhalb von p befindet sich die Unternehmung in Kostendegression, oberhalb in Progression.

4. Die Reihenfolge der ausgezeichneten Punkte ist: O, b, q, p; eventuell ist noch zwischen O und b der Punkt a einzufügen. Zwischen a und b würden dann die Gesamtkosten linear verlaufen.

5. Folgendes Schema gibt uns einen Überblick über das Verhalten der vier Funktionen: Gesamtkosten, Grenzkosten, durchschnittliche variable Kosten und Durchschnittskosten in den einzelnen Abschnitten der Skala der Produktionsgeschwindigkeit:

Intervalle auf der Skala der Produktionsgeschwindigkeiten	Es fällt	Es steigt
(O, b)	K'; K_{II}^{*}; K^{*}	K
(b, q)	K_{II}^{*}; K^{*}	K; K'
(q, p)	K^{*}	K; K'; K_{II}^{*}
(p, ∞)	—	K; K'; K_{II}^{*}; K^{*}

Alle diese Beziehungen sind aus der Abb. 4 ersichtlich, wenn man die einzelnen Kurven K, K', $K*$, K_{II}^* betrachtet.[1])

V.

Die in den letzten beiden Paragraphen durchgeführten Betrachtungen gelten zunächst im Sinne A. Marshalls nur für „kurze Zeitperioden". Marshall hat jedoch gezeigt,[2]) daß die Verhältnisse der langen Perioden unter denselben Gesetzen stehen, wie die der kurzen. Der Unterschied liegt nur darin, daß je länger die Zeitperiode ist, die wir als Blickfeld unserer Betrachtung wählen, ein desto geringerer Anteil der Gesamtkosten als konstant zu bezeichnen ist. Diesen Sachverhalt hat A. Marshall ausführlich im fünften Buche seines Hauptwerkes dargelegt. Deshalb glauben wir, hier auf eine Darstellung verzichten zu dürfen, und unmittelbar zu Folgerungen übergehen zu können, die sich im Rahmen unserer Untersuchung aus der Verschiedenheit der langen und kurzen Zeitperioden ergeben. Diese kurzen und langen Zeitperioden im Sinne und in der Verwendung A. Marshalls wollen wir im folgenden als „Marshallsche Zeitperioden" bezeichnen. Mit Hilfe der uns jetzt zu Gebote stehenden Terminologie können wir die je nach der Länge der Marshallschen Zeitperiode verschiedene Erscheinungsform der Unternehmung folgendermaßen formulieren:

(IX) Je länger die Marshallsche Zeitperiode ist, desto näher rücken das Betriebsminimum und das Betriebsoptimum aneinander.

---

[1]) Merkwürdigerweise besteht in der Definition der so oft verwendeten Begriffe „zunehmender Ertrag" und „abnehmender Ertrag" zwischen den einzelnen Schriftstellern keine Übereinstimmung. Ein Teil bezeichnet mit „zunehmendem Ertrag" die Situation, in der die Grenzkosten abnehmen, also $K'' < 0$ ist, mit „abnehmendem Ertrag" die entgegengesetzte Situation ($K'' > 0$). Zu diesen gehören z. B.: Ricardo („Grundsätze", Waentigsche Ausgabe, Jena 1921, S. 52 ff.), Jevons („Die Theorie der politischen Ökonomie", Waentigsche Ausgabe, Jena 1924, S. 198 ff.), Marshall (l. c. S. 188—209), Pareto („Cours..." II, Lausanne 1897, pag. 102 ff.), Cassel („Theoretische Sozialökonomie", 4. Aufl., S. 252 ff.), Brinkmann (l. c.). Auch wir haben uns dieser Terminologie angeschlossen. Demgegenüber verwenden andere Autoren die Bezeichnungen „zunehmender Ertrag" synonym mit „degressive Kosten" und „abnehmender Ertrag" mit „progressive Kosten". So z. B.: Barone (l. c., § 10/11) und Bowley (l. c. S. 33 ff.). Dieser zweite Begriff knüpft also an das Fallen bzw. Steigen der Durchschnittskosten an (u. U. auch der durchschnittlichen variablen Kosten). Der Unterschied ergibt sich ohne weiteres aus unseren Ausführungen. Bereits Edgeworth hat ihn ausführlich behandelt („The laws of increasing and diminishing returns", Papers...I, pag. 61 ff.). Eine ganz analoge Betrachtung bringt Pigou („The laws of diminishing and increasing cost", Economic journal, Vol. 37, 1927, pag. 188 ff.). Diese unterschiedliche Begriffsbildung ist genau zu beachten, da sich aus ihr zahlreiche Mißverständnisse ergeben können.

[2]) A. Marshall, l. c. Buch V.

Dieser Satz ist folgendermaßen einzusehen: Je länger die Marshallsche Zeitperiode ist, desto näher rückt das Betriebsoptimum nach dem Punkt hin, an dem die relativ billigste Produktion von allen überhaupt in dem betreffenden Produktionszweig vorhandenen Produktionsmöglichkeiten liegt. Dasselbe gilt aber auch vom Betriebsminimum. Denn je länger die Marshallsche Zeitperiode ist, einen desto geringeren Anteil haben die konstanten Kosten an den Gesamtkosten, desto weniger unterscheidet sich also das Minimum der durchschnittlichen variablen Kosten von dem Minimum der Durchschnittskosten. Da aber diese beiden Werte zugleich Werte der Grenzkostenfunktion sind, und zwar in dem Abschnitt, wo sie bereits monoton steigt, so bedeutet das Näherrücken dieser Werte, daß auch ihre Abszissen, also die zugehörigen Produktionsgeschwindigkeiten einander näherrücken.

§ 4. Das Angebot der Unternehmung nach erwerbswirtschaftlichem Prinzip.

In den drei ersten Paragraphen dieses Kapitels haben wir die Unternehmung in bezug auf die Gestaltung ihrer Kosten beschrieben. Wir betrachteten dort die Unternehmung als nachfragendes und produzierendes, nicht als anbietendes Glied der Volkswirtschaft. Unsere Sätze ergaben sich aus dem Begriff der Kosten, dem Prinzip der Knappheit und dem ökonomischen Prinzip. So konnten wir feststellen, in welcher Situation sich eine Unternehmung bei gegebenem Produktionsniveau befindet. Wir haben uns jedoch nicht mit der Frage befaßt, wie sich dieses Produktionsniveau ergibt. Um dieses zu bestimmen, müssen wir die Unternehmung als anbietend betrachten. Und zwar müssen wir hier zwei weitere Prinzipien oder vielmehr Gruppen von Prinzipien heranziehen: wir müssen das Motiv der Produktion und ihre Marktposition feststellen. In diesem Paragraphen setzen wir, wie schon die Überschrift zeigt, als motivierendes Prinzip für die Unternehmung das erwerbswirtschaftliche Prinzip. Im nächsten Paragraphen wird die Unternehmung unter der Geltung des Bedarfsdeckungsprinzips betrachtet.

I.

1. Das erwerbswirtschaftliche Prinzip hatten wir definiert als das Streben, durch die Produktion den höchstmöglichen Gewinn zu erzielen. Wir verstehen unter Gewinn die Differenz zwischen Ertrag und Gesamtkosten, wobei der Ertrag[1]) der Erlös der Unternehmung bei Verkauf ihrer in der Zeiteinheit hergestellten Produkte ist. Der Ertrag ist also das Produkt aus Preis und Produktionsgeschwindigkeit, soweit die hiebei erzeugten Güter ganz abgesetzt werden. Wir wollen im folgenden annehmen, daß die produzierte und die abgesetzte Menge stets identisch sind. Das dürfen wir, und zwar aus folgendem Grunde: Was wir untersuchen wollen, ist die Bestimmung der Produktion durch die Marktlage. Diese Bestimmung vollzieht sich aber nicht unmittelbar, sondern durch

---

[1]) cf. auch Kap. 1, § 2, III.

das Bewußtsein des Unternehmers. Und zwar ist für die Produktion nicht die Marktlage selbst, sondern die Vorstellung, die sich der Unternehmer von der Marktlage macht, maßgebend. Dann aber ist die Annahme plausibel, daß der Unternehmer stets so viel produziert, wie er glaubt, absetzen zu können.

Wir wollen für den Ertrag das Symbol E einführen. Wir haben dann laut Definition des Begriffes Ertrag:

$$E = x \cdot P$$

Der Ertrag ist also eine Funktion von x und ferner eine Funktion der Größen, deren Funktion P ist. Auf alle Fälle ist also der Ertrag eine Funktion der Produktionsgeschwindigkeit. Er hängt natürlich auch von unzähligen anderen Größen ab. Aber das braucht uns hier nicht näher zu beschäftigen. Uns interessiert hier nur die ökonomische Abhängigkeit des Ertrages von solchen Größen, die vom Willen des Unternehmers abhängen. Hier kommt aber nur die Produktionsgeschwindigkeit in Frage. Es kann zwar (im Falle eines Monopols) auch der Preis vom Willen des Unternehmers abhängig sein. Aber der Unternehmer kann Produktionsgeschwindigkeit und Preis nicht unabhängig voneinander bestimmen. Zu einem gewählten Preis kann er nur eine bestimmte Menge absetzen oder umgekehrt: eine zuerst gewählte Menge kann der Unternehmer nur zu einem bestimmten, nicht mehr von seiner Willkür abhängigen Preis absetzen. Mit anderen Worten: Der Unternehmer kann auf ökonomischem Wege den Ertrag nur durch die Produktionsgeschwindigkeit beeinflussen. Wir haben also den Ertrag als Funktion der Produktionsgeschwindigkeit aufzufassen.[1] Bezüglich aller übrigen, außerhalb der Unternehmung stehenden Größen setzen wir stets: „ceteris paribus".

2. Die Grundfrage der Produktion nach erwerbswirtschaftlichem Prinzip lautet: Welche Produktionsgeschwindigkeit muß bei gegebener Marktsituation realisiert werden, um ein Maximum an Gewinn zu erzielen?[2]

Für den Gewinn führen wir das Symbol G ein. Dann gilt nach Definition:

$$G = E(x) - K(x) = G(x).$$

Der Gewinn erscheint als Funktion der Produktionsgeschwindigkeit. Jeder Produktionsgeschwindigkeit wird ein bestimmter Gewinn zugeordnet (der natürlich auch negativ sein kann; sein absoluter Betrag ist der Verlust der Unternehmung) Wir fragen nun: Welche Produktionsgeschwindigkeit macht den Gewinn zu einem Maximum?

Die Antwort ergibt sich aus einer einfachen Überlegung. Wir führen

---

[1] Es gilt: $E = E(x)$.

[2] cf. zum Folgenden vor allem Cournot, Untersuchungen über die mathematischen Grundlagen der Theorie des Reichtums. Deutsche Ausgabe Jena 1924.

zunächst für die gesuchte Produktionsgeschwindigkeit, die wir als die günstigste bezeichnen wollen, das Symbol s (supply) ein. Die günstigste Produktionsgeschwindigkeit s zeichnet sich dadurch aus, daß jede andere Produktionsgeschwindigkeit einen geringeren Gewinn ergibt. Mit anderen Worten: Der Gewinn[1]) steigt bei wachsender Produktionsgeschwindigkeit, bis diese den Wert s erreicht hat. Dann fällt er. Bei wachsender Produktionsgeschwindigkeit steigen aber die Gesamtkosten $K(x)$. Der Gewinn steigt also dann, wenn der Ertrag stärker steigt als die Gesamtkosten; er fällt, wenn der Ertrag langsamer steigt als die Gesamtkosten. Die günstigste Produktionsgeschwindigkeit s zeichnet sich dadurch aus, daß hier die Ertragssteigung und die Gesamtkostensteigung einander gleich sind.

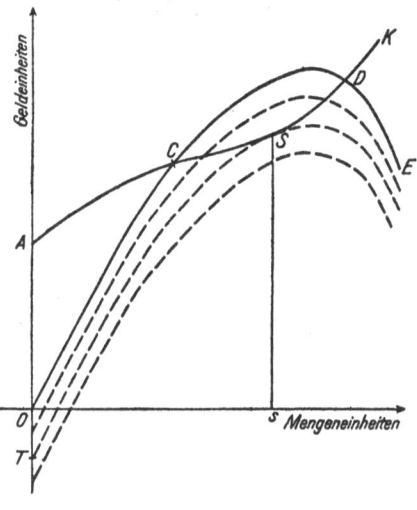

Bezeichnen wir das Maß der Ertragssteigung in Analogie zu unserer Kostenterminologie und in Übereinstimmung mit dem allgemeinen Sprachgebrauch als Grenzertrag, so erhalten wir den Fundamentalsatz des erwerbswirtschaftlichen Prinzip:

(X) Die Grenzkosten und der Grenzertrag der günstigsten Produktionsgeschwindigkeit sind einander gleich.

Den Grenzertrag, der nichts anderes als der erste Differentialquotient der Ertragsfunktion ist,

Abb. 5

bezeichnen wir mit $E'(x)$. Dann wird unser Fundamentalsatz durch die Gleichung $E'(s) = K'(s)$ wiedergegeben.

Bevor wir weitergehen, wollen wir diesen Satz in der Abb. 5 graphisch veranschaulichen. Wir wählen als Ertragskurve die bei Barone[2]) angegebene Form.

In unserem Falle verläuft die Ertragskurve zwischen C und D oberhalb der Gesamtkostenkurve. Hier ist also der Gewinn positiv. Wir suchen nun den Punkt, an welchem er am höchsten ist. Dieser Punkt zeichnet sich, wie der Fundamentalsatz besagt, dadurch aus, daß die beiden Tangenten an die Ertrags- und an die Kostenkurve für dieselbe Produktionsgeschwindigkeit einander parallel sind. Um ihn zu finden, überdecken wir die gesamte Fläche mit Kurven, die der Ertragskurve parallel sind.[3]) Die Tangenten an Punkte der Kurvenschar, die gemein-

---

[1]) Wenn $G(x)$ als stetige Funktion von x vorausgesetzt wird (cf. § 6).
[2]) Barone-Staehle, Grundzüge, S. 175, Fig. 48.
[3]) Diese Kurven bilden eine Kurvenschar mit der Differenzialgleichung

$$d\,y = E'(x)\,.\,d\,x$$

same Abszissen haben, sind parallel. Eine von diesen Kurven ist tangential zur Gesamtkostenkurve, d. h. hat mit ihr eine gemeinsame Tangente. Der Berührungspunkt S ist der gesuchte Punkt. Seine Abszisse s stellt die günstigste Produktionsgeschwindigkeit dar.

$\overline{TO}$ ist der Reingewinn,[1])

$\overline{TA}$ der Rohgewinn.

$\overline{TO}$ kann negativ sein, wenn nämlich T oberhalb von O liegt.

$\overline{TA}$ ist stets positiv, d. h. T liegt immer unterhalb von A.

Die zum Beweis unseres Fundamentalsatzes gemachten Ausführungen führen unmittelbar auf einen weiteren Satz:

(XI) Für Produktionsgeschwindigkeiten, welche kleiner sind als die günstigste (wenn sie vielleicht auch noch so nahe bei s liegen müssen), ist der Grenzertrag größer als die Grenzkosten; für Produktionsgeschwindigkeiten, welche größer sind als die günstigste (wenn sie sich auch von s vielleicht um noch so wenig unterscheiden), ist der Grenzertrag kleiner als die Grenzkosten.

Graphisch bedeutet das (vgl. Abb. 5), daß links vom Punkte S die Ertragskurve stärker und rechts davon schwächer steigt als die Gesamtkostenkurve.

Hieraus folgt, daß nur wenn es Produktionsgeschwindigkeiten gibt, für die der Grenzertrag die Grenzkosten übersteigt und größere Produktionsgeschwindigkeiten, für die der Grenzertrag kleiner ist als die Grenzkosten, überhaupt die Realisierung einer bestimmten Produktionsgeschwindigkeit möglich ist. Diese Bedingungen genügen allerdings noch insofern nicht, als es stets Produktionsgeschwindigkeiten geben muß, deren variable Kosten kleiner sind als ihr Ertrag, damit überhaupt eine Produktion in Frage kommt; denn die Unternehmung kann niemals einen größeren Verlust erleiden, als ihre konstanten Kosten betragen.

Um die Notwendigkeit der oben aufgestellten Bedingungen einzusehen, wollen wir untersuchen, welche Konsequenzen sich ergeben, wenn diese Bedingungen nicht erfüllt sind. Es sind zwei abweichende Fälle denkbar:

a) Von irgend einer Produktionsgeschwindigkeit ab sind die Grenzkosten kleiner als der Grenzertrag. Das würde bedeuten, daß die Ableitung des Gewinnes nach der Produktionsgeschwindigkeit — wir können diese Ableitung in Analogie zu den Grenzkosten und dem Grenzertrag als Grenzgewinn bezeichnen — für genügend große Produktionsgeschwindigkeiten stets positiv sein würde. Das würde aber weiter bedeuten, daß der Gewinn für diese größeren Produktionsgeschwindigkeiten monoton steigen würde. Um also den höchsten Gewinn zu erzielen, müßte die Unternehmung ihre Produktionsgeschwindigkeit ad infinitum steigern, ohne jedoch zum Ziele zu gelangen. Dieser Zustand, in welchem die

---

[1]) Zu beachten ist, daß $\overline{TO}$ der negative Wert von $\overline{OT}$ ist.

Unternehmung „unendlich" viel produzieren müßte, ist offenbar undenkbar. Er würde die Aufhebung des Prinzips der Knappheit bedeuten.
Hieraus ergibt sich ein wichtiger Satz:

(XII) Eine Situation ist unmöglich, in der die Grenzkosten für alle Produktionsgeschwindigkeiten, die eine
bestimmte Produktionsgeschwindigkeit übersteigen, kleiner
sind als der Grenzertrag.

b) Der zweite Fall ist der, daß die Grenzkosten für alle Produktionsgeschwindigkeiten größer sind als der Grenzertrag.

Hier würde der Ertrag stets kleiner als die variablen Kosten sein.
Die Unternehmung würde den geringsten Verlust erleiden, wenn sie still-
liegen würde. Wir erhalten so den Satz:

(XIII) Sind die Grenzkosten für alle Produktionsgeschwindigkeiten größer als der Grenzertrag, so kann überhaupt keine Produktion stattfinden.

Wir sehen also, daß die genannten Bedingungen wirklich erfüllt
sein müssen, damit bei Geltung des erwerbswirtschaftlichen Prinzips eine
Produktion überhaupt zustande kommen kann.

Ganz allgemein kann man das Ergebnis unserer Untersuchung in
folgendem Satze zusammenfassen:

(XIV) Damit überhaupt eine Produktion stattfinden
kann, muß es eine von Null verschiedene Produktionsgeschwindigkeit geben, die den Gewinn zu einem Maximum
macht, welches die obere Grenze der Gewinnfunktion ist.

Weicht der Unternehmer von der Produktionsgeschwindigkeit,
deren Grenzertrag und Grenzkosten gleich sind, nach unten ab, so gelangt
er in eine Situation, in welcher der Ertragszuwachs größer ist als der
Kostenzuwachs. Dadurch entgeht ihm ein Gewinn. Weicht er von der
genannten Produktionsgeschwindigkeit nach oben ab, so gelangt er in
eine Situation, in welcher der Kostenzuwachs größer ist als der Ertragszuwachs. Dadurch entsteht ihm ein Verlust.

4. Noch eine wichtige Konsequenz des Fundamentalsatzes müssen
wir feststellen. Durch die Gleichung

$$E'(s) = K'(s)$$

ergibt sich die Bestimmung von s. Diese Gleichung ist aber ganz unabhängig von der Höhe der konstanten Kosten. Diese können jeden beliebigen Wert haben, ohne daß sich s ändert. Denn da die konstanten
Kosten für alle Produktionsgeschwindigkeiten denselben Wert haben,
ist die Steigung der Gesamtkosten identisch mit der Steigung der variablen
Kosten. Wir erhalten den Satz:

(XV) Die konstanten Kosten sind für die Bestimmung
der günstigsten Produktionsgeschwindigkeit s irrelevant.
(Sie beeinflussen nur die Größe des Gewinns für die Produktionsgeschwindigkeit s.)

Wegen der Gleichung $K'(x) = K'_{II}(x)$ ist unsere Maximumaufgabe
identisch mit der Bestimmung der größten Differenz zwischen dem Ertrag

und den variablen Kosten. Es ist also dasselbe, ob man nach der Produktionsgeschwindigkeit fragt, welche den Reingewinn, oder nach der, welche den Rohgewinn zu einem Maximum macht. Hierbei wollen wir unter Rohgewinn die Differenz zwischen Ertrag und variablen Kosten verstehen; im Rohgewinn sind also die gesamten konstanten Kosten enthalten.[1])

Hieraus folgt auch, daß wenn wir die Verteilung des Rohgewinnes auf Reingewinn und konstante Kosten nach Belieben vornehmen, sich nichts an der Bestimmung der günstigsten Produktionsgeschwindigkeit ändert. Auch das Betriebsminimum bleibt von einer solchen willkürlichen Festsetzung unbeeinflußt. Nur das Betriebsoptimum hängt auch von den konstanten Kosten ab.

II.

1. Wir betrachten jetzt den Fall der freien Konkurrenz. Diese haben wir definiert[2]) als eine Marktsituation, in welcher der Preis als vom Angebot, also von der Produktionsgeschwindigkeit der Unternehmung, unabhängig betrachtet werden kann. Hier ist also der Ertrag das Produkt aus der beliebig veränderlichen Produktionsgeschwindigkeit und dem konstanten Preis. Er ist eine lineare Funktion der Produktionsgeschwindigkeit und ist dieser proportional. Der Proportionalitätsfaktor ist der Preis.

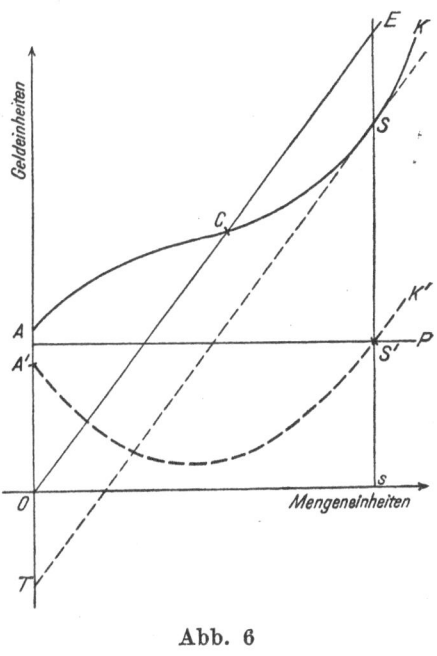

Abb. 6

Der Grenzertrag ist nichts anderes, als der Marktpreis.[3]) Es ergibt sich somit auf Grund des Fundamentalsatzes des erwerbswirtschaftlichen Prinzips für das konkurrenzwirtschaftliche Angebot der Satz:

(XVI) In der Konkurrenzwirtschaft ist die günstigste Produktionsgeschwindigkeit diejenige, deren Grenzkosten dem Preise gleich sind.[4])

---

[1]) cf. A. Marshall, l. c. Buch V.

[2]) cf. Kap. 1, § 2, IV, 1.

[3]) Es ist $E(x) = x \cdot P$, somit $E'(x) = P$.

[4]) Dieser Satz drückt eine altbekannte Wahrheit aus; cf. z. B. Cournot, Untersuchungen über die mathematischen Grundlagen der Theorie des Reichtums", Jena 1924, S. 48 (Kap. 8, zweite Gleichung), der hier nur etwas als Formel ausdrückt, was bereits Ricardo gelehrt hat. cf. auch: Amoroso, l. c., S. 9, Ricardosche Gleichgewichtsformel.

Wir wollen diese Situation graphisch veranschaulichen, zumal die Konstruktion der günstigsten Produktionsgeschwindigkeit für die freie Konkurrenz besonders einfach ist. Da der Preis konstant ist, stellt sich die Ertragskurve als eine Gerade durch den Ursprung mit dem Richtungstangens P dar. Der günstigste Punkt S der Gesamtkostenkurve wird bestimmt, indem man an die Gesamtkostenkurve eine zu E parallele Tangente zieht. Seine Abszisse ergibt sich auch durch den Schnittpunkt der Grenzkostenkurve mit der Preiskurve, die einfach eine Parallele zur Abszissenachse im Abstand P ist. Der Satz XI modifiziert sich für die freie Konkurrenz wie folgt: Da der Grenzertrag in unserem Falle der Steigung der Tangente an die Gesamtkostenkurve im Punkte S ist, können wir sagen, daß die Gesamtkostenkurve links vom Punkte S schwächer und rechts von ihm stärker steigt als die Tangente. Das ist aber nur möglich, wenn die Gesamtkostenkurve in der Umgebung des Punktes S konvex nach unten verläuft, mit anderen Worten, wenn sie hier dem Gesetz des abnehmenden Ertrages unterliegt. S ist also stets größer als b. Wir wollen noch untersuchen, welche Konsequenzen sich ergeben, wenn die Bedingung des abnehmenden Ertrages nicht erfüllt ist, wenn also die Produktion dem Gesetz des zunehmenden oder des konstanten Ertrages unterliegt.

a) Unterliegt die Produktion dem Gesetz des zunehmenden Ertrages, so sind zwei Möglichkeiten vorhanden:

α) Entweder sind die Grenzkosten von irgend einer Produktionsgeschwindigkeit ab kleiner als der Preis; dann liegen die Voraussetzungen des Satzes XII vor. Eine solche Situation ist also unmöglich.

β) Oder die Grenzkosten sind für alle Produktionsgeschwindigkeiten größer als der Preis; dann sind die Voraussetzungen des Satzes XIII gegeben, d. h. eine Produktion kann in diesem Falle überhaupt nicht stattfinden.

Haben wir einmal eine erwerbswirtschaftliche Konkurrenzwirtschaft vorausgesetzt, so dürfen wir die Annahme, daß die Produktion dem Gesetz des zunehmenden Ertrages unterliegt, nicht mehr machen und umgekehrt.

b) Ganz ebenso liegen die Dinge in bezug auf das Gesetz des konstanten Ertrages. Hier sind die Grenzkosten entweder kleiner oder größer als der Preis. Im ersten Falle liegen ebenfalls die Voraussetzungen von Satz XII, im zweiten von Satz XIII vor. Und da stets ein Preis möglich ist, der die (konstanten) Grenzkosten übersteigt, so können wir auch hier sagen; die Voraussetzungen: „erwerbswirtschaftlich eingestellte Konkurrenzwirtschaft" und „Gesetz des konstanten Ertrages" sind miteinander unvereinbar.

Wir erhalten so folgenden wichtigen Satz:

(XVII) Eine erwerbswirtschaftlich eingestellte Konkurrenzwirtschaft und eine Produktion, die dem Gesetz des zunehmenden oder konstanten Ertrages unterliegt, sind miteinander unvereinbar.

Dieser Satz gilt rein formal, unabhängig von der Länge der Marshallschen Zeitperiode. Durch diese Tatsache wird seine Bedeutung erhöht. Denn das Gesetz des zunehmenden Ertrages wird wohl nur in besonderen Fällen für eine Einzelunternehmung — unter Voraussetzung unveränderter indirekter Produktionsmittel — gelten.[1]) Es gewinnt aber an Bedeutung, wenn man das Blickfeld über eine lange Marshallsche Zeitperiode ausdehnt und die Produktion unter der Voraussetzung betrachtet, daß alle Produktionsmittel variabel sind, wenn man also alle überhaupt möglichen Aufwandsniveaus miteinander vergleicht.

Wir können die eben angestellte Betrachtung durch einen weiteren Satz ergänzen:

(XVIII) Soll eine Unternehmung bei jedem Preisstand in der erwerbswirtschaftlich eingestellten Konkurrenzwirtschaft funktionieren, so müssen ihre Grenzkosten mit wachsender Produktionsgeschwindigkeit über alle Grenzen zunehmen.

Wäre letzteres nicht der Fall, gäbe es also für die Grenzkosten eine obere Grenze, so würde im Falle eines Preises, der diese obere Grenze übersteigt, die unmögliche Situation des Satzes XII entstehen.

Aus diesen Sätzen ergibt sich folgende Einsicht. Eine erwerbswirtschaftlich eingestellte Konkurrenzwirtschaft kann latente Produktionsmöglichkeiten besitzen, die dem Gesetz des zunehmenden oder konstanten Ertrages unterliegen und nur deshalb latent sind, weil die zugehörigen Grenzkostenfunktionen für alle Produktionsgeschwindigkeiten den Preis übersteigen. Steigt aber der Preis, so kann ein Zustand eintreten, in dem die latenten Produktionsmöglichkeiten nicht mehr latent bleiben können. Für diese Produktionsmöglichkeiten muß dann die konkurrenzwirtschaftliche Organisationsform der sozialen Produktion einer anderen Organisationsform weichen. Dasselbe gilt mutandis mutatis für Produktionsmöglichkeiten, die zwar dem Gesetz des abnehmenden Ertrages unterliegen, deren Grenzkosten aber eine obere Grenze besitzen, und diese vom Preise überschritten wird.

3. Über die Lage der günstigsten Produktionsgeschwindigkeit können wir eine weitere Aussage machen. Wir wissen, daß der Preis größer sein muß als die durchschnittlichen variablen Kosten im Betriebsminimum, wenn eine Produktion überhaupt in Frage kommen soll. Also sind auch die Grenzkosten der günstigsten Produktionsgeschwindigkeit größer als die Grenzkosten der minimalen Produktionsgeschwindigkeit. Da beide Produktionsgeschwindigkeiten zu dem ansteigenden Ast der Grenzkostenfunktion gehören, so folgt hieraus, daß die günstigste Produktionsgeschwindigkeit stets größer sein muß als die minimale, wenn überhaupt produziert werden soll. Wir erhalten so den Satz:

(XIX) Wenn in der Konkurrenzwirtschaft eine erwerbswirtschaftliche Unternehmung überhaupt produzieren soll, so muß der Preis größer sein als die durchschnittlichen

---

[1]) cf. Bücher, Das Gesetz der Massenproduktion in: Die Entstehung der Volkswirtschaft. 2. Sammlung. Tübingen 1921, S. 95 und 98 (Beispiel für das Gesetz des zunehmenden Ertrages).

variablen Kosten im Betriebsminimum; die realisierte günstigste Produktionsgeschwindigkeit ist dann größer als die minimale. Diese bildet die Untergrenze aller möglichen günstigsten Produktionsgeschwindigkeiten.

Dieser Satz läßt sich auch kürzer formulieren, wie folgt:

(XIX a) Die günstigste Produktionsgeschwindigkeit weist in der Konkurrenzwirtschaft progressive variable Kosten auf.

Diese Tatsache ist auch aus Abb. 6 ersichtlich. Hier stellt $\overline{TO}$ den Reingewinn,[1]) $\overline{TA}$ den Rohgewinn dar. $\overline{TO}$ kann auch negativ sein. Dies ist dann der Fall, wenn T oberhalb vom Nullpunkt liegt. $\overline{TA}$ ist stets positiv. Somit liegt T stets unterhalb von A. Wir wissen aber, daß Tangenten an die Gesamtkostenkurve, welche die Ordinatenachse unterhalb des Punktes A treffen, zu Punkten gehören, die rechts vom Betriebsminimum Q liegen.

Da sich die variablen Kosten desto weniger von den Gesamtkosten unterscheiden, je länger die Marshallsche Zeitperiode ist, so sehen wir, daß die Untergrenze der günstigsten Produktionsgeschwindigkeiten, auf die Dauer gesehen, immer näher an das Betriebsoptimum heranrückt. (Die Abhängigkeit des Inhaltes unserer formalen Sätze von der Marshallschen Zeitperiode muß immer wieder hervorgehoben und beachtet werden.)

Innerhalb der hier angeführten Grenzen ist die Lage der günstigsten Produktionsgeschwindigkeit verschieden; sie ist abhängig vom Preis. Ist der Preis kleiner als die Durschschnittskosten im Betriebsoptimum, so liegt die günstigste Produktionsgeschwindigkeit zwischen dem Betriebsminimum und dem Betriebsoptimum. Der Reingewinn ist negativ. Die Unternehmung erleidet hier einen Verlust. Ein Teil der konstanten Kosten bleibt ungedeckt. Ist der Preis größer als die Durchschnittskosten im Betriebsminimum, so liegt die günstigste Produktionsgeschwindigkeit jenseits des Betriebsoptimums. Der Reingewinn ist positiv. Die Unternehmung hat einen Reingewinn, der die konstanten Kosten übersteigt. Die günstigste Produktionsgeschwindigkeit fällt dann, aber auch nur dann mit dem Betriebsoptimum zusammen, wenn der Preis dem Minimum der Durchschnittskosten gleich ist. Der Reingewinn ist hier Null. Der Rohgewinn ist den konstanten Kosten gleich.

Diese Überlegung zeigt uns, daß wir die günstigste Produktionsgeschwindigkeit oder das jeweilige Angebot der Unternehmung in der Zeiteinheit als Funktion des Preises betrachten können, wenn Konkurrenzwirtschaft vorliegt. Zu jedem Preis gehört eine bestimmte günstigste Produktionsgeschwindigkeit s, die aus der Gleichung $K'(s) = P$ errechnet wird. Hat diese Gleichung mehrere Wurzeln, die auch alle der zweiten Maximumbedingung genügen,[2]) so wird stets diejenige ausgewählt, die den größten Gewinn ergibt. Es entsteht so eine eindeutige Zuordnung der günstigsten Produktionsgeschwindigkeit s zum Preise P. Ist die Gesamt-

---

[1]) cf. S. 39, Anm. 1.
[2]) cf. Satz (XIX).

kostenkurve regelmäßig, so ist diese Funktion identisch mit der inversen Funktion von $\overline{K}'(x)$ für alle $x > q$.

Somit haben wir eine neue Funktion erhalten:

$$s = s\,(P).$$

Diese Funktion ist die Angebotsfunktion der Unternehmung. Sie gibt an, welche Produktionsgeschwindigkeit die Unternehmung bei gegebenem Preis realisieren und auf den Markt bringen wird. Als inverse Funktion zur Grenzkostenfunktion ist sie für $x > q$ monoton steigend. Monoton fallende oder konstante Angebotsfunktionen sind auf Grund des Satzes XVII mit der erwerbswirtschaftlich eingestellten Konkurrenzwirtschaft unvereinbar. Auch der Satz XVIII ist in diesem Zusammenhang zu beachten.

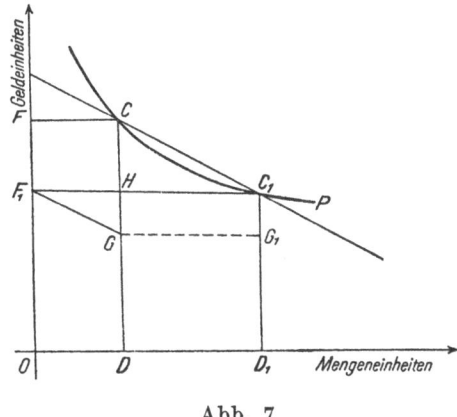

Abb. 7

III.

1. Zum Teil ganz andere Ergebnisse erhalten wir, wenn wir annehmen, daß die Unternehmung auf ihrem Markte eine Monopolstellung besitzt. Hier ist der Preis des von der Unternehmung produzierten und angebotenen Gutes eine monoton fallende Funktion der Produktionsgeschwindigkeit.[1])

Preis und Grenzertrag sind hier verschieden. Die geometrische Darstellung der Situation ist etwas verwickelt. Deshalb müssen wir in der Abb. 7 eine Voruntersuchung anstellen.

$\overbrace{CC_1P}$ ist die Nachfrage-, d. h. Preiskurve. Der Ertrag einer beliebigen Produktionsgeschwindigkeit $\overline{OD}$ ist $(\overline{OD} \cdot \overline{DC})$, also der Flächeninhalt des Rechteckes $ODCF$. Eine beliebige andere (größere) Produktionsgeschwindigkeit $\overline{OD_1}$ hat den Ertrag $OD_1C_1F_1$. Der Ertragszuwachs ist

$$OD_1\,C_1\,F_1 - ODCF = DD_1\,C_1\,H - F_1HCF.$$

Wir konstruieren jetzt das Rechteck GG_1C_1H, das dem Rechteck F_1HCF inhaltsgleich ist. Das erreichen wir, indem wir F_1G parallel zu CC_1 ziehen. Dann sind nämlich die beiden Dreiecke HC_1C und HF_1G ähnlich, weil sie gleiche Winkel haben. Somit gilt die Proportion: $\overline{HC_1} : \overline{HC} = \overline{HF_1} : \overline{HG}$ oder die Produktengleichung:

$$\overline{HC} \cdot \overline{HF_1} = \overline{HC_1} \cdot \overline{HG}.$$

---

[1]) Kap. 1, § 2, IV, 2.

Es ist somit das Rechteck DD_1G_1G der Ertragszuwachs, wenn die Produktionsgeschwindigkeit $\overline{OD}$ um $\overline{DD_1}$ anwächst.

Das Maß dieses Ertragszuwachses ist der Flächeninhalt des Rechteckes DD_1G_1G dividiert durch den Zuwachs der Produktionsgeschwindigkeit, also durch $\overline{DD_1}$. Es ist aber $\dfrac{\overline{DD_1} \cdot \overline{DG}}{\overline{DD_1}} = \overline{DG}$. Den Grenzertrag der Produktionsgeschwindigkeit $\overline{OD}$ erhalten wir, indem wir $\overline{DD_1}$ gegen Null, d. h. also D_1 gegen D konvergieren lassen. Dann geht die Sekante $\overline{CC_1}$ in die Tangente an die Preiskurve im Punkte C über. F_1 fällt mit F zusammen. Die Konstruktion des Grenzertrages ergibt sich dann entsprechend. Abb. 8 gibt diese Konstruktion an:

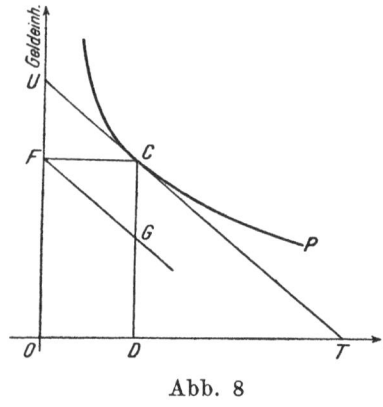

Abb. 8

FG ist parallel zu CT; DG ist der Grenzertrag der Produktionsgeschwindigkeit OD. Indem man für jeden Punkt der Abszissenachse diese Konstruktion durchführt, erhält man punktweise die Grenzertragskurve, die zur Preiskurve $\overarc{CP}$ gehört. Die Grenzertragskurve verläuft ganz unterhalb der Preiskurve. Denn die Preiskurve ist monoton fallend. Dasselbe gilt also auch von ihren Tangenten. Folglich liegt jeder Punkt G unterhalb des zugehörigen Punktes C.

Bezeichnen wir den Tangens des spitzen Winkels zwischen der Tangente an die Preiskurve und der Abszissenachse als das Preisgefälle, so können wir für die Größe $\overline{GC}$ einen bestimmten Ausdruck gewinnen. Es ist

$$\overline{OD} = \overline{FC}$$

$$\sphericalangle\,CTO = \sphericalangle\,GFC$$

$$\mathrm{tg}\,(\sphericalangle\,GFC) = \frac{\overline{GC}}{\overline{FC}}$$

$$\overline{GC} = \overline{FC} \cdot \mathrm{tg}\,(\sphericalangle\,GFC) = \overline{OD} \cdot \mathrm{tg}\,(\sphericalangle\,CTO).$$

Die Grenzertragskurve verläuft also um das Produkt aus Produktionsgeschwindigkeit und Preisgefälle unterhalb der Preiskurve. Wir können für $\overline{GC}$ noch einen anderen Ausdruck gewinnen. Wir bezeichnen den Quotienten $\dfrac{\overline{TC}}{\overline{CU}}$ wie üblich[1]) als Elastizität der Nachfrage im Punkte C. Nun sind die Dreiecke TCD und FGC ähnlich, da ihre Winkel gleich sind.

―――――

[1]) cf. Dalton, The inequality of incomes, S. 192ff.

Folglich gilt wegen der Proportion $\overline{GC}:\overline{GF}=\overline{DC}:\overline{TC}$ und wegen $\overline{GF}=\overline{CU}$ die Formel:

$$\overline{GC}=\overline{DC}:\frac{\overline{TC}}{\overline{CU}}$$

d. h. die Grenzertragskurve ist um den Quotient aus Preis und Elastizität der Nachfrage gegenüber der Preiskurve nach unten verschoben.[1])

Diese Vorbemerkungen führen in Verbindung mit dem Fundamentalsatz des erwerbswirtschaftlichen Prinzips unmittelbar auf folgende drei Sätze.

(XX) **Die günstigste Produktionsgeschwindigkeit einer monopolisierten erwerbswirtschaftlichen Unternehmung ist diejenige, deren Grenzkosten gleich sind ihrem Preis, vermindert um das Produkt aus ihr selbst und dem Preisgefälle.**

(XX a) **Die Differenz zwischen dem Preis und den Grenzkosten der günstigsten Produktionsgeschwindigkeit einer monopolisierten erwerbswirtschaftlichen Unternehmung ist gleich dem Preis dieser Produktionsgeschwindigkeit dividiert durch die Elastizität der Nachfrage.[2])**

(XXI) **Im Falle des Monopols einer erwerbswirtschaftlich orientierten Produktion ist der realisierte Preis stets größer als die Grenzkosten der günstigsten Produktionsgeschwindigkeit.**

Zu dem letztformulierten Satz sei noch einiges hinzugefügt: Der Preis übersteigt die Grenzkosten desto mehr, je geringer die Elastizität der Nachfrage ist. Ist dagegen die Elastizität der Nachfrage sehr groß, so ist der Preis den Grenzkosten fast gleich. Wir haben hier eine Annäherung an die Voraussetzungen der freien Konkurrenz. Tatsächlich kann man auch für den Fall der freien Konkurrenz den Preis als Funktion der Produktionsgeschwindigkeit betrachten; jeder Produktionsgeschwindigkeit wird derselbe Preis zugeordnet. Das graphische Bild dieser Funktion ist eine Parallele zur x-Achse. Eine Nachfragefunktion mit sehr hoher Elastizität hat einen Verlauf, der sich von der Parallelen kaum unterscheidet. Insofern läßt sich der Fall der freien Konkurrenz, wie wir

---

[1]) Besonders einfach ist die Konstruktion der Grenzertragskurve, wenn die Preiskurve linear ist. Dann ist nämlich auch die Grenzertragskurve linear. Man braucht dann nur einen Punkt der Grenzertragskurve zu konstruieren. Die Verbindungslinie dieses Punktes mit dem Schnittpunkt der Preiskurve (die hier eine Gerade ist) und der Ordinatenachse ist die gesuchte Grenzertragskurve.

[2]) cf. hiezu: Amoroso, l. c. S. 10, der diesen Satz in einer Formel bringt:

$$p-m=\frac{p}{\varepsilon}$$

wo p den Preis (prezzo), m die Grenzkosten (costo marginale) und ε die Elastizität der Nachfrage darstellen.

ihn definiert haben, als Grenzfall des Monopols auffassen, wenn die Elastizität der Nachfrage über alle Grenzen wächst. Die reale freie Konkurrenz stellt in bezug auf die einzelne Unternehmung nicht diesen Grenzfall (bei dem man die Elastizität formal als unendlich groß bezeichnen kann), sondern den Monopolfall mit einer Nachfrage, deren Elastizität sehr groß ist, dar; die Betrachtung darf jedoch in der Form der freien Konkurrenz in unserem Sinne ohne große Fehler geführt werden. Man muß nur stets im Auge behalten, daß es sich um einen Grenzfall handelt, der also die Realität nur annähernd wiedergibt.

2. Wir haben oben festgestellt, daß eine konkurrenzwirtschaftlich organisierte, erwerbswirtschaftlich eingestellte Produktion nicht immer funktioniert, weil eine günstigste Produktionsgeschwindigkeit, die den Gewinn zu einem Maximum macht und somit das zu realisierende Produktionsniveau bestimmt, unter den konkurrenzwirtschaftlichen Voraussetzungen nicht immer existiert. Wir fragen uns jetzt, ob es im Falle des Monopols stets eine günstigste Produktionsgeschwindigkeit gibt, ob also in diesem Falle die Produktion stets durch die vorausgesetzten regulierenden Prinzipien voll bestimmt wird. Die nachfolgende Überlegung zeigt uns, daß diese Frage zu bejahen ist.

Wir müssen, um unsere Überlegung mit Erfolg durchführen zu können, eine bestimmte Eigenschaft der Nachfrage feststellen: In einer gegebenen Volkswirtschaft existiert für die Gesamtsumme, die für eine bestimmte Gutsart in der Zeiteinheit ausgegeben wird, stets eine obere Grenze. Diese Behauptung ist wohl ohne weiteres plausibel. Ihr Beweis ergibt sich aus dem Prinzip der Knappheit und aus dem Grenznutzentheorem. Wir verzichten auf den Beweis, weil er außerhalb des Rahmens dieser Arbeit liegt; die Behauptung setzen wir als Postulat für alle Nachfragefunktionen, die uns begegnen, wobei eine entsprechende Untersuchung zeigen würde, daß es andere Nachfragefunktionen auch gar nicht geben kann.

Hieraus folgt, daß auch der Gewinn eine obere Grenze haben muß, weil er nach oben durch den Ertrag beschränkt ist. Es gibt nun ganz gewiß Produktionsgeschwindigkeiten, deren Gewinn sich von der oberen Gewinngrenze nur so wenig unterscheidet, daß der Unterschied wirtschaftlicherweise vernachlässigt werden kann (z. B. 0,0001 Pfg.); jede von diesen Produktionsgeschwindigkeiten ist eine „günstigste", vorausgesetzt, daß es sich für die Unternehmung überhaupt lohnt, zu produzieren.

Wir erhalten somit den wichtigen Satz:

(XXII) Die monopolistisch organisierte erwerbswirtschaftlich orientierte Produktion funktioniert stets.

Dieser Satz bedeutet einen grundlegenden Unterschied gegenüber der Konkurrenzwirtschaft. (Vgl. Satz XVIII.) Durch diese Garantie des Funktionierens ergibt sich, daß einige Produktionszweige die Wahl zwischen der konkurrenzwirtschaftlichen und der monopolistischen Organisation haben, während andere nur auf die monopolistische Organisation angewiesen sind, sofern das erwerbswirtschaftliche Prinzip gilt.

Ein konkurrenzwirtschaftlich organisierter Produktionszweig muß also zum Monopol übergehen, sobald sich die Produktionsbedingungen entsprechend ändern.[1]) Wir können auch den Weg andeuten, auf welchem eine solche Organisationswandlung vor sich geht. Tritt eine Unternehmung in einem Produktionszweig auf, die weitgehend, z. B. für alle Produktionsgeschwindigkeiten, die überhaupt zur Befriedigung der Nachfrage in Frage kommen, dem Gesetz des zunehmenden Ertrages unterliegt, so verdrängt sie durch Ausweitung ihrer Produktion alle anderen Unternehmungen vom Markte und erringt so für sich das Monopol. Eine andere Form wäre etwa die, daß alle oder die meisten Unternehmungen eines Produktionszweiges durch die Entwicklung der produktiven Kräfte immer weitgehender dem Gesetz des zunehmenden Ertrages unterliegen und, um sich halten zu können, in der Erkenntnis der allgemeinen Sachlage untereinander Kartellverträge abschließen.

IV.

Wir haben uns jetzt noch mit der modifizierten Konkurrenz zu befassen,[2]) also dem Fall, wo der Preis eine Konstante ist und die Absatzmenge von den Absatzkosten abhängt, während wiederum die Produktionskosten durch die Absatzmenge bestimmt werden. Das Problem, das hier entsteht, ist wieder die Feststellung der günstigsten Produktionsgeschwindigkeit. Wir suchen eine Produktionsgeschwindigkeit, deren Produktionskosten, vermehrt um die Absatzkosten, die erforderlich sind, um die ganze in der Zeiteinheit hergestellte Produktsmenge abzusetzen, vom Ertrag um einen maximalen Betrag, eben den größtmöglichen Gewinn, überschritten werden.

Die Gesamtkosten haben hier, wie wir bei der Definition der modifizierten Konkurrenz zeigten, die Form $K(x) + C(x) = \Re(x)$. Indem wir $\Re(x)$ genau ebenso behandeln wie $K(x)$, erhalten wir den Satz:

(XXIII) Die modifizierte Konkurrenzwirtschaft unterliegt genau denselben Gesetzen wie die reine Konkurrenzwirtschaft, wenn man als Gesamtkosten der betreffenden Unternehmung die Summe der Produktions- und der Absatzkosten auffaßt.

---

[1]) Es läßt sich zeigen, daß ein Zwischenstadium, also freie Konkurrenz einiger weniger Unternehmungen nicht ohne bestimmte zusätzliche Voraussetzungen möglich ist. (So Edgeworth und Pareto; dagegen: Cournot; Schneider, in Arch. f. Sozialwissenschaft u. Sozialpolitik, 1930; cf. Amoroso, l. c. S. 13ff.) Das Problem ist gut und ausführlich behandelt von Kurt Sting, „Die polypolitische Preisbildung", Jahrbücher für Nationalökonomie und Statistik, 1931, S. 761ff. Die darin gewählten Bezeichnungen dürften wenig befriedigen. Der „hyperpolitischen Preisbildung" wird zu wenig Bedeutung beigemessen. Sting dürfte bezüglich der „polypolitischen" Neigung der Anbieter zu optimistisch sein. Cf. ferner: Aldo Crosara: „Della identità dei concetti astratti di monopolio . . ." Giornale d. E., 1930, pag. 25ff.

[2]) cf. Kap. 1, § 2, IV, 3.

Da nämlich zwischen der abgesetzten und der produzierten Menge auf Grund unserer Voraussetzungen Identität bestehen soll, so hat $\Re\,(x)$ formal genau die gleiche Bedeutung wie $K\,(x)$ im Falle der gewöhnlichen freien Konkurrenz. Da unsere Sätze alle formal sind, so ergibt sich hieraus die eben aufgestellte Behauptung.

Der Fall der modifizierten Konkurrenz mußte besonders hervorgehoben werden, da es sich in der Praxis häufig zeigt, daß die Betriebe anscheinend nicht bis zur günstigsten Produktionsgeschwindigkeit gelangen, weil der Absatz fehlt. Hier müssen eben die Absatzkosten miteinbezogen werden, wenn das Gesetz „Grenzkosten gleich Preis" seine Geltung behalten soll.

§ 5. Das Angebot der Unternehmung nach dem Bedarfsdeckungsprinzip.

Wir wollen jetzt das erwerbswirtschaftliche Prinzip durch das Bedarfsdeckungsprinzip ersetzen und zusehen, welche Konsequenzen sich aus der Zusammensetzung dieses Prinzips mit den übrigen, unverändert gelassenen Prämissen ergeben. Wir wollen also nacheinander das Wirken dieses Prinzips in der Konkurrenzwirtschaft, in der monopolistisch organisierten Wirtschaft und in der modifizierten Konkurrenzwirtschaft verfolgen, um uns dann dem besonderen Fall zuzuwenden, daß der Preis zunächst unbestimmt und nur die angeforderte Menge bestimmt ist.

I.

Aus der Definition des Bedarfsdeckungsprinzips ergibt sich, daß die nach diesem Prinzip orientierte Produktion im Falle der Konkurrenz, in dem Falle also, wo der Preis fest und die absetzbare Menge beliebig ist, im allgemeinen unbestimmt ist. Wir wissen bereits, daß ein Preis dann die Gesamtkosten einer Produktionsgeschwindigkeit deckt, wenn er den zugehörigen Durchschnittskosten gleich ist oder sie übersteigt. Hieraus ergibt sich, daß eine Produktion überhaupt nicht stattfinden kann, wenn keine Produktionsgeschwindigkeit Durchschnittskosten hat, welche kleiner als der Preis oder ihm gleich sind, daß aber jede Produktionsgeschwindigkeit, deren Durchschnittskosten dem Preise gleich oder kleiner als der Preis sind, nach diesem Prinzip realisierbar ist; wir können aus diesem Prinzip, so wie wir es oben formuliert haben, keine Entscheidung herleiten, welche von diesen Produktionsgeschwindigkeiten nun wirklich realisiert werden soll. Nur in dem besonderen Ausnahmefall, daß eine einzige Produktionsgeschwindigkeit nicht größere Durchschnittskosten hat, als der Preis beträgt, ist die Produktion durch dieses Prinzip eindeutig bestimmt. Diese Produktionsgeschwindigkeit könnte offenbar nur die optimale sein. Hier würden Preis und Durchschnittskosten einander genau gleich sein. Die Unternehmung würde also auf Grund des Bedarfsdeckungsprinzips ihr Betriebsoptimum realisieren. Sonst aber könnte eine eindeutige Bestimmung der Produktion nur durch ein zusätzliches Prinzip erreicht werden. Man könnte z. B. festsetzen, daß die Unternehmung immer, ohne Rücksicht auf die Preishöhe, das Betriebsoptimum realisieren soll, vorausgesetzt, daß überhaupt eine Produktion stattfinden kann. Oder man setzt fest, daß die größtmögliche Menge zu dem betreffenden Preis angeboten werden soll. Ein jedes dieser beiden Hilfsprinzipien würde in vielen Fällen eine eindeutige Bestimmung der Produktion herbeiführen und damit ein eindeutiges sozialökonomisches Gleichgewicht ermöglichen. Aber sie würden im Falle der Kostendegression versagen. Überdies würde das zweite Prinzip auch versagen müssen, wenn die Durchschnittskosten von einer bestimmten Produktionsgeschwindigkeit ab vielleicht steigen, aber dauernd unterhalb des Preises bleiben: in diesen Fällen würde eine konkurrenzwirtschaftliche Organisation der Produktion nicht möglich sein.

Nimmt man diese subsidiären Prinzipien nicht an, so wird die konkurrenzwirtschaftliche Organisation der Produktion in dem Sinne möglich, daß keine Tendenz zu einer übermäßigen Ausweitung der Produktion besteht, welche die Konkurrenz aufheben würde; dafür ist aber der Preis nicht mehr geeignet, Nachfrage und Angebot auszugleichen, weil er das Angebot nicht eindeutig bestimmen kann. Da jedoch die Möglichkeit, die freie Konkurrenz in der Form „konstanter Preis, beliebiges Angebot" zu betrachten, auf der Voraussetzung des Gleichgewichtes beruht, so können wir folgenden Satz aufstellen:

(XXIV) Das Bedarfsdeckungsprinzip ohne weitere subsidiäre Prinzipien ist mit der Voraussetzung der freien Konkurrenz nur in besonderen Fällen vereinbar.

Auch die beiden von uns genannten subsidiären Prinzipien ergeben nicht immer eine Verträglichkeit des Bedarfsdeckungsprinzips und der freien Konkurrenz. Insbesondere fehlt diese Verträglichkeit in allen Fällen, wo sie unter der Voraussetzung des erwerbswirtschaftlichen Prinzips fehlen würde.

II.

Anders ist es im Falle einer monopolistisch organisierten Produktion. Es gilt der Satz:

(XXV) Das Bedarfsdeckungsprinzip in Verbindung mit dem subsidiären Prinzip, daß möglichst viel produziert werden soll, reicht zur Bestimmung der Produktion und zur Herstellung des ökonomischen Gleichgewichtes in einer monopolistisch organisierten Wirtschaft immer aus.

Dieser Satz würde nur dann nicht gelten, wenn nicht nur die Ertragsfunktion eine obere Grenze hätte, die kein Funktionswert wäre und der sich diese Funktion mit wachsender Produktionsgeschwindigkeit nähern würde, sondern auch die Gesamtkostenfunktion eine obere Grenze hatte, und diese nicht größer wäre als die obere Grenze des Ertrages.[1])

---

[1]) Das heißt in Formeln ausgedrückt: Es müßte sein:

$$\lim_{x \to \infty} E\,(x) > E\,(x) \text{ für alle } x$$

$$\text{und } \lim_{x \to \infty} K\,(x) \leq \lim_{x \to \infty} E\,(x).$$

Dies kann aber wohl als unmöglich bezeichnet werden. Denn es gäbe dann eine Produktionsgeschwindigkeit, von der ab die Gesamtkosten sich von ihrer oberen Grenze nur um einen zu vernachlässigenden Betrag[1]) unterscheiden würden. Man würde also sagen können: von hier ab sind die Gesamtkosten konstant. Die allgemeine Erfahrung lehrt aber, daß eine solche Situation nicht vorkommen kann.

In allen übrigen Fällen gibt es eine Produktionsgeschwindigkeit, an der die Durchschnittskosten und der Preis einander gleich sind und von der ab der Preis niedriger ist als die Durchschnittskosten. Diese Produktionsgeschwindigkeit wird auf Grund des Bedarfsdeckungsprinzips und des genannten subsidiären Prinzips realisiert.

III.

Im Gegensatz zu den Ergebnissen, die wir bei Annahme des erwerbswirtschaftlichen Prinzips erhalten haben, und die uns zeigen, daß zwischen den Situationen in der freien Konkurrenz und in der modifizierten Konkurrenz keine wesentlichen Unterschiede bestehen, ergibt sich im Falle des Bedarfsdeckungsprinzips für die modifizierte Konkurrenz eine besondere Situation. Hier ist nämlich im Gegensatz zur freien Konkurrenz die Absatzmenge zunächst fest gegeben. Sie läßt sich durch Aufwendung von Absatzkosten erweitern. Aber für den Fall des Bedarfsdeckungsprinzips besteht kein Anlaß, den Absatz besonders zu fördern. Somit ist die Produktionsgeschwindigkeit hier als gegeben zu betrachten. Sie ist gleich der Absatzmenge, die sich ergibt, wenn die Absatzkosten Null sind. Diese Produktionsgeschwindigkeit wird realisiert, wenn die zugehörigen Durchschnittskosten nicht größer sind als der Preis.

Bei dieser Gelegenheit wollen wir eine nähere Interpretation des Bedarfsdeckungsprinzips für die beiden Fälle geben, daß

1. kein Preis, der irgendwelchen Durchschnittskosten gleich wäre, erzielt werden kann,

2. die angeforderte Menge zu dem gebotenen Preis nicht geliefert werden kann.

Der erste Fall hat für·alle Marktsituationen Bedeutung, der zweite nur für die modifizierte Konkurrenz.

1. Das Streben, die Kosten zu decken, muß sich für den Fall, daß die Kosten nicht gedeckt werden können, daß also ein Verlust entsteht, in ein Streben nach möglichst geringem Verlust umwandeln. Das bedeutet, daß immer, wenn nach dem Bedarfsdeckungsprinzip überhaupt keine Produktionsgeschwindigkeit realisiert werden kann, an Stelle dieses Prinzips das erwerbswirtschaftliche Prinzip treten muß.

2. Das Streben, die angeforderte Menge zu liefern, muß sich, soweit es von seiten der Nachfrage her möglich ist, im Falle, daß die angeforderte Menge zu dem gebotenen Preis nicht geliefert werden kann, sich nach der Richtung hin auswirken, eine Menge zu liefern, die sich möglichst wenig von der angeforderten Menge unterscheidet und deren Kosten durch den

---

[1]) cf. § 4, III.

gebotenen Preis gedeckt werden. D. h.: kann die angeforderte Produktionsgeschwindigkeit zu dem gebotenen Preise nicht realisiert werden, gibt es jedoch geringere Produktionsgeschwindigkeiten, die auf Grund der Ausführungen zu I realisiert werden könnten, so wird die größte von ihnen realisiert, soweit dies von seiten der Nachfrage her angeht.

Es wäre im übrigen auch denkbar, daß in entsprechend beschaffenen Fällen (z. B. unter Annahme subsidiärer Prinzipien) die Unternehmung versuchen würde, eine größere Produktionsgeschwindigkeit unter Aufwendung von Absatzkosten zu realisieren. Wir brauchen aber diesem Sonderfall nicht näher nachzugehen.

<h2 style="text-align:center">IV.</h2>

Eine Marktsituation, die eine besondere Verwandtschaft zum Bedarfsdeckungsprinzip aufweist, eine Situation, die wir noch nicht beschrieben haben, weil sie im Falle des erwerbswirtschaftlichen Prinzips undenkbar ist, ist folgendermaßen beschaffen: es wird eine bestimmte Menge nachgefragt. Der Preis ist zunächst unbestimmt. Aus dem Bedarfsdeckungsprinzip ergibt sich, daß der Preis dieser Menge ihren Durchschnittskosten gleich ist. Denn nur dann ergibt sich eine billigstmögliche gedeckte Lieferung der angeforderten Produktionsmenge. Hier tritt das Bedarfsdeckungsprinzip in seiner Reinheit auf, ohne daß subsidiäre Prinzipien notwendig wären. Wir werden später sehen, daß in bestimmten Fällen das Bedarfsdeckungsprinzip gerade in dieser Bedeutung auf Grund des erwerbswirtschaftlichen Prinzips in Anwendung kommt.[1]

Drittes Kapitel.

Die Kosten in der verbundenen Produktion.

Der bisher behandelte Fall, daß nur ein Gut produziert wird, spielt in der Realität eine nicht zu unterschätzende Rolle. Denn wie jede wirtschaftliche Theorie, ist auch die bisher entwickelte schon dort anwendbar, wo die Voraussetzungen nur ungefähr zutreffen. Wird z. B. neben dem Hauptprodukt ein Abfallprodukt produziert, welches nur einen kleinen Bruchteil des Erlöses einbringt, so kann die Theorie des einfachen Angebotes unbedenklich in Anwendung kommen, indem man vielleicht zur Erzielung einer höheren Genauigkeit den Erlös des Abfallproduktes von den Gesamtkosten abzieht und die Differenz als Gesamtkosten des Hauptproduktes betrachtet.

Aber vielfach ist dies nicht möglich. Es werden mehrere Güter gleichzeitig produziert, die ungefähr gleich wichtig sind. Dann reicht die bisher entwickelte Theorie nicht mehr aus, und wir müssen die allgemeinere anwenden, nämlich die Theorie des verbundenen Angebotes.[2]

---

[1] cf. Theorie des Verrechnungspreises; Kap. 3, § 4.

[2] cf. Marco Fanno, Contributo alla teoria dell' offerta a costi conginuti. Supplemento al Giornale degli Economisti, Ottobre 1914. Eine Auseinandersetzung mit dieser Arbeit würde zu weit führen, da unsere Ausführungen einen völlig andersartigen Grundgedanken und Aufbau haben.

§ 1. Theorie der Produktionslänge.

I.

Der Gegenstand dieses Kapitels ist komplizierter als der des vorigen. Wir werden deshalb möglichst einfache Voraussetzungen wählen und nur das Grundlegende darstellen. Wir wollen uns nur mit dem Fall befassen, daß zwei Güter produziert werden, da er bereits auf alle methodischen Gedanken führt, die für den allgemeinen Fall, daß n Güter produziert werden, angewendet werden müssen. Wir wollen ferner die Annahme machen, daß alle vorkommenden Funktionen in dem betrachteten Bereich regulär, d. h. also stetig und differenzierbar sind. Sprungkosten sollen nicht vorkommen. Wir führen zunächst eine vereinfachte Betrachtung durch. Jede beliebige Kombination von Mengen des Gutes Nr. 1 und des Gutes Nr. 2 hat bestimmte Produktionskosten, die auf irgendeine Weise ermittelbar sein sollen. Um eine übersichtliche Darstellung zu gewinnen, stellen wir eine Tabelle (Abb. 9) zusammen.

Mengen des Gutes Nr. 2						
5	61,9	64	71,3	87,2	116,6	164,5
4	58	59,6	65,6	79,4	106,5	151,5
3	55,6	56,9	61,9	74,2	99	141,8
2	54	55,3	59,6	70,6	93,8	135,2
1	52,4	54,4	58,4	68,6	91,1	131,7
0	50	54	58	68	90	130
	0	1	2	3	4	5
	Mengen des Gutes Nr. 1					

Abb. 9. Kostentabelle der verbundenen Produktion

Die Mengen jedes Gutes werden in geeignetem Maßstab auf der Vorspalte bzw. auf der Vorzeile (die hier aus Analogie zur Koordinatendarstellung nach unten gesetzt ist) abgetragen, und zwar so, daß die Entfernung der Mitte der Zeile bzw. Spalte von der Mitte der Vorzeile bzw. Vorspalte die Benennung der Zeile bzw. Spalte bestimmt. Die punktierten Geraden entsprechen den Koordinatenachsen; ihr Schnittpunkt ist der Nullpunkt, d. h. der Stillstandspunkt des Betriebes. In die Felder werden die Kosten der betreffenden Mengenkombination eingesetzt. So kostet die Produktion von 3 Mengeneinheiten des Gutes Nr. 1 und von 2 Mengeneinheiten des Gutes Nr. 2 in unserem Beispiel 70,6 Geldeinheiten usw. Jeder einzelne Punkt dieser Tabelle bedeutet eine bestimmte Kombination und besitzt somit bestimmte Gesamtkosten.

Wir haben in unserer Tabelle einen Punkt bestimmt, indem wir seine Entfernung von der Vorzeile auf der Vorspalte und seine Entfernung von der Vorspalte auf der Vorzeile angaben. Wir wollen jetzt ein anderes Verfahren einschlagen. Wir wollen die Entfernung jedes Punktes vom Ursprung, d. h. vom Punkte (0; 0) messen und diese Entfernung als die Länge der betreffenden Produktionskombination oder, wie wir sie bereits bezeichnet haben, des betreffenden Produktsvektors bezeichnen; und wir wollen zweitens den Winkel feststellen, den der Verbindungsstrahl vom Ursprung nach dem Punkte der Tabelle mit der Wagerechten bildet; diesen

Winkel bezeichnen wir als die Richtung des Produktsvektors. Es ist leicht einzusehen, daß der Produktsvektor durch die Angabe seiner „Länge" und seiner „Richtung" eindeutig bestimmt ist. Aus der Tabelle kann man dann sofort die Mengen der beiden Güter ablesen. Vektoren gleicher Länge bestimmen Punkte, die vom Ursprung gleichweit entfernt sind, d. h. die Summe der Quadrate der produzierten Gutsmengen Nr. 1 und Nr. 2 sind für diese Punkte gleich; die Punkte liegen auf einem Kreise um den Ursprung mit einem Radius, der die Länge darstellt. Punkte gleicher Richtung liegen auf einer Geraden, die selbst durch den Ursprung geht. Sie zeichnen sich dadurch aus, daß das Mengenverhältnis der beiden Güter (also der Komponenten des Pro-

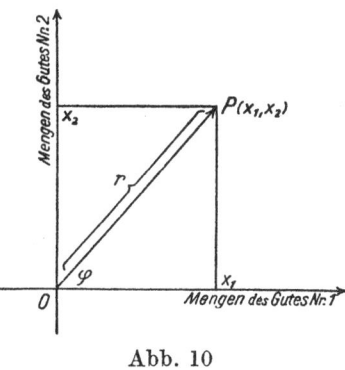

Abb. 10

duktsvektors) dasselbe ist. Die Länge bezeichnen wir mit r, die Richtung mit φ. Wir werden im folgenden an Stelle der Tabelle das Koordinationssystem verwenden. Auf der Abszissenachse tragen wir die Mengen des Gutes Nr. 1, auf der Ordinatenachse die Mengen des Gutes Nr. 2 ab. Die Gesamtkosten (und analog die übrigen Kostenfunktionen) können wir uns senkrecht zur Ebene des Blattes an einer dritten Achse gemessen und aufgetragen denken. Die Kosten erscheinen als Funktion der Mengen des Gutes Nr. 1 und Nr. 2 oder auch als Funktion der „Länge" und der „Richtung" des jeweiligen Produktsvektors.

Die Abb. 10 veranschaulicht den hier beschriebenen Tatbestand. Es gelten folgende Beziehungen:

$$r^2 = x_1{}^2 + x_2{}^2; \ \operatorname{tg} \varphi = \frac{x_2}{x_1}$$

Aus diesen beiden Gleichungen lassen sich jeweils zwei Größen berechnen, wenn die beiden anderen gegeben sind.

r und φ bezeichnen wir in Übereinstimmung mit dem üblichen Sprachgebrauch als Polarkoordinaten.

Betrachten wir den Fall, daß das Verhältnis, in welchem beide Güter produziert werden, also die Proportion $x_1 : x_2$ fest gegeben ist. Das bedeutet, daß die Richtung unveränderlich ist. φ ist konstant. Die Produktion wird nur durch Änderung der „Länge" reguliert. In diesem Falle unterscheidet sich die Produktionsbestimmung in keiner Weise von der einfachen Produktion. Die Tatsache, daß zwei verschiedene Güter produziert werden, hat hier für die Unternehmung gar keine Bedeutung. Denken wir uns eine bestimmte Menge des Gutes Nr. 1 und die in Verbindung mit dieser Menge hergestellte Menge des Gutes Nr. 2 zusammengefaßt und als ein „Päckchen" bezeichnet, so können wir sagen: die Unternehmung produziert in der Zeiteinheit eine bestimmte Anzahl

„Päckchen". Das „Päckchen" erscheint hier als Mengeneinheit. Die Anzahl der in der Zeiteinheit produzierten „Päckchen" ist die Produktionsgeschwindigkeit. Nur von dieser hängen hier Kosten und Ertrag ab, da das Zusammensetzungsverhältnis im „Päckchen" selbst unverändert bleibt.

Auch bezüglich der Marktsituation, der sich diese Unternehmung gegenüber sieht, ändert sich nichts gegenüber dem einfachen Angebot. Ist der Preis eines jeden Gutes eine Konstante, so ergibt sich der Preis des „Päckchens", indem man die im „Päckchen" enthaltenen Gutsmengen mit den zugehörigen Preisen multipliziert und die Ergebnisse addiert. Der Ertrag eines Produktsvektors ergibt sich dann aus der Multiplikation des Preises eines „Päckchens" mit der Anzahl der „Päckchen". Ist der Preis von den Produktionsgeschwindigkeiten der einzelnen Güter abhängig, so gehört zu jedem Produktsvektor ein besonderer Preis jedes Gutes und somit auch des „Päckchens". Da aber der Produktsvektor nichts anderes als eine bestimmte Anzahl von „Päckchen" ist, so ist der Preis nur von dieser Anzahl abhängig, die also auch hier genau der Produktionsgeschwindigkeit im Falle der einfachen Produktion entspricht.

Setzen wir noch fest, daß das „Päckchen" so beschaffen sein muß, daß die Summe der Quadrate der in ihm enthaltenen Gutsmengen 1 ergibt, so ist die Anzahl des „Päckchens" jeweils identisch mit der „Länge" des Produktsvektors, also mit r. Das „Päckchen" selbst wollen wir im folgenden als „Einheitsvektor" bezeichnen und ihm das Symbol e beilegen. Da e eindeutig bestimmt ist, sobald die Richtung φ festgelegt ist, so kann e als Funktion von φ betrachtet werden. Wir deuten zum Unterschied von den rechtwinkligen Koordinaten (x_1, x_2) die Abhängigkeit einer Größe von den Polarkoordinaten r und φ durch eckige Klammern [] an. Es gilt dann $e = e\,[\varphi]$; jeder Produktsvektor $\mathfrak{x}$ stellt sich jetzt dar als Produkt aus seiner Länge und dem Einheitsvektor seiner Richtung:[1]

$$\mathfrak{x} = r \cdot e\,[\varphi].$$

---

[1] Diese vektorielle Beziehung ist leicht einzusehen. Aus der Figur in Abb. 10 sieht man, daß die Gleichungen gelten:
$$x_1 = r \cdot \cos \varphi; \qquad x_2 = r \cdot \sin \varphi.$$
Es ist also
$$\mathfrak{x} = (x_1, x_2) = (r \cdot \cos \varphi, \ r \cdot \sin \varphi) = r \cdot (\cos \varphi, \sin \varphi).$$
Da für den Vektor e, dessen Komponenten wir mit e_1, e_2 bezeichnen, die Gleichung $e_1^2 + e_2^2 = 1$ gilt, andererseits aber, wenn wir mit $|e|$ die Länge von e bezeichnen,
$$e_1 = |e| \cdot \cos \varphi; \qquad e_2 = |e| \cdot \sin \varphi$$
ist, so haben wir:
$$|e|^2 = |e|^2 \cdot \cos^2 \varphi + |e|^2 \cdot \sin^2 \varphi = 1.$$
Da wir nur positive Längen kennen, ist $|e| = 1$ und somit $e = (\cos \varphi, \sin \varphi)$, also schließlich
$$\mathfrak{x} = r \cdot e\,[\varphi].$$

Ist die Richtung fest,[1]) so ist auch der Einheitsvektor gegeben. Der Produktsvektor hängt dann nur von seiner Länge ab.[2]) Hieraus ergibt sich, daß der Gewinn, der Ertrag und die Gesamtkosten als Funktionen der Länge allein auftreten.[3]) Die Länge spielt hier genau dieselbe Rolle wie die Produktionsgeschwindigkeit bei der einfachen Produktion. Wir erhalten so den Fundamentalsatz der verbundenen Produktion:

(XXVI) Bei gegebenem Mengenverhältnis der produzierten Güter gelten für die verbundene Produktion sämtliche Gesetze der einfachen Produktion, wobei man die Produktionsgeschwindigkeit der einfachen Produktion durch die Länge (den absoluten Betrag) des Produktsvektors ersetzt.

Die einfache Produktion erscheint als Spezialfall der verbundenen Produktion bei festem Mengenverhältnis, wenn man die zweite Komponente des Einheitsvektors oder auch φ gleich Null setzt.

Alle auftretenden Funktionen erscheinen als Funktionen der Punkte auf dem Strahl, der durch den Einheitsvektor $e\,[\varphi] = (\cos\varphi, \sin\varphi)$ festgelegt ist. Zu jeder Richtung φ gehört demnach ein Punkt b, ein Betriebsminimum und ein Betriebsoptimum, sowie bei gegebener Ertragsfunktion eine günstigste Produktionsgeschwindigkeit. Wir bezeichnen diese Größen ebenso wie im zweiten Kapitel, indem wir jeweils die Richtung dadurch andeuten, daß wir φ in Klammern dahintersetzen. Diese Größen sind nämlich nichts anderes als Funktionen von φ.[4])

Ist der Preis der einzelnen Güter von der Produktionsgeschwindigkeit unabhängig, so ist gleichwohl zu beachten, daß der Preis des Einheitsvektors von der Richtung abhängt. Wir bezeichnen den Preis[5]) des Einheitsvektors einer bestimmten Richtung φ mit $P\,[\varphi]$.

Diese Bemerkungen sollen nur den Fundamentalsatz erläutern. Im Prinzip ist durch diesen Satz der Fall der verbundenen Produktion bei konstantem Mengenverhältnis erledigt. Er ist vollständig auf den Fall des einfachen Angebotes reduziert.[6])

---

[1]) Also $\varphi = $ constans.

[2]) Wir haben also für eine beliebige Funktion $\Phi\,(\mathfrak{x})$ des Produktsvektors $\mathfrak{x}$ die Beziehung:
$$\Phi\,(\mathfrak{x}) = \Phi\,(e \cdot r) = \Phi\,[r].$$

[3]) Wir haben somit:
$$G\,[r] = E\,[r] - K\,[r].$$

[4]) Wir haben:
$$b\,[\varphi];\quad q\,[\varphi];\quad p\,[\varphi];\quad s\,[\varphi].$$

[5]) Es gilt dann:
$$P\,[\varphi] = P_1 \cdot \cos\varphi + P_2 \cdot \sin\varphi.$$

[6]) Es ist wohl ohne weiteres klar, daß hier eine Aufteilung der Gesamtkosten oder auch nur der variablen Kosten auf die einzelnen Produkte vollkommen sinnlos ist. Die verschiedenen Produktskombinationen erscheinen als verschiedene Mengen ein und desselben Produktes. Jede einzelne Produktionsgeschwindigkeit kostet ebensoviel wie der ganze Produktsvektor, wenn man die Frage stellt: Was muß geopfert werden, um die betreffende Produktionsgeschwindigkeit zu erzielen? Und andererseits kostet jede Produktionsgeschwindigkeit nichts, wenn man die Frage stellt: Was kann man einsparen, wenn man auf die Herstellung des einen Gutes verzichtet, die anderen Güter aber in unverändertem Umfange produziert?

§ 2. Theorie der Produktionsrichtung.

Wir haben eben gesehen, wie alle Kategorien der einfachen Produktion auf die verbundene Produktion in Anwendung kommen, sobald die „Richtung", d. h. das Mengenverhältnis, in welchem die beiden Produkte erzeugt werden, gegeben ist. Wir nehmen jetzt an, die Richtung sei variabel. Das würde bedeuten, daß unsere Unternehmung nicht nur imstande ist, sich der Marktlage bezüglich der Produktionslänge, also bezüglich der Menge der produzierten Produkte bei konstantem Mengenverhältnis anzupassen, sondern daß sie auch dieses Mengenverhältnis variieren und unter allen möglichen Proportionen zwischen x_1 und x_2 die günstigste aussuchen kann.

Dann können wir jeder Richtung eine Gewinn- und Ertragsfunktion, eine Gesamtkostenfunktion und ihre Ableitungen, eine Durchschnittskostenfunktion und eine Funktion der durchschnittlichen variablen Kosten zuordnen, die jeweils nur von der Länge des Produktsvektors in der betreffenden Richtung abhängen. Wir können dementsprechend jeder Richtung einen Punkt b, ein Betriebsminimum, ein Betriebsoptimum und eine günstigste Produktionsgeschwindigkeit zuordnen.

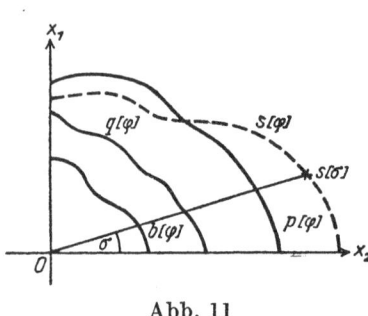

Abb. 11

Die Gesamtheit der Punkte b aller Richtungen und ebenso auch der übrigen ausgezeichneten Punkte bildet je eine Kurve. Wir haben somit 4 Kurven: die b-Kurve, die Betriebsminimumkurve, die Betriebsoptimumkurve und die Kurve der günstigsten Produktionsgeschwindigkeiten. Alle diese Kurven ergeben sich dadurch, daß ihr Radiusvektor eine eindeutige Funktion der Richtung ist. So können wir die Kurven durch die Ausdrücke: $b\,[\varphi]$, $p\,[\varphi]$, $q\,[\varphi]$, $s\,[\varphi]$ kennzeichnen. Die ausgezeichneten Punkte im eindimensionalen Falle erscheinen also als ausgezeichnete Kurven im zweidimensionalen; allerdings mit einer Einschränkung: die durch $s\,[\varphi]$ bestimmten „günstigsten" Produktionsgeschwindigkeiten sind untereinander nicht gleichwertig. Man kann sie in bezug auf den durch sie erzielbaren Gewinn vergleichen. Tatsächlich realisiert wird nur diejenige unter den Produktionsgeschwindigkeiten $s\,[\varphi]$, welche den größten Gewinn gewährt. Mithin gibt es (im Regelfall) schließlich doch nur einen günstigsten Produktsvektor.

Bezeichnen wir seine Richtung mit σ, so ist $s\,[\sigma]$ die tatsächlich zu realisierende günstigste Produktionsgeschwindigkeit.

Unsere Ausführungen werden durch die Abb. 11 veranschaulicht.

Auf Grund der im zweiten Kapitel gewonnenen Erkenntnisse liegt die Kurve $b\,[\varphi]$ innerhalb von $q\,[\varphi]$ und $q\,[\varphi]$ innerhalb von $p\,[\varphi]$. Dagegen kann in der Konkurrenzwirtschaft $s\,[\varphi]$ überall außerhalb von $q\,[\varphi]$ verlaufen.[1]) Alle s, die innerhalb von $p\,[\varphi]$ liegen, ergeben in der Konkurrenzwirtschaft einen Verlust, alle s, die außerhalb von $p\,[\varphi]$ liegen, einen Gewinn. Verläuft $s\,[\varphi]$, wie z. B. in der obigen Abbildung teils innerhalb, teils außerhalb von $p\,[\varphi]$, so ist es klar, daß der günstigste Punkt $s\,[\sigma]$ nur in dem Teil von $s\,[\varphi]$ liegen kann, der außerhalb von $p\,[\varphi]$ verläuft.

Liegt freie Konkurrenz vor, so kann man jedem Preisvektor einen günstigsten Produktsvektor $s\,[\sigma]$ zuordnen. Wir erhalten so das Angebot der Unternehmung als Funktion des Preisvektors.

Für die verbundene Produktion gelten folgende Sätze:

(XXVII) Die Gesamtkostenfunktion einer Unternehmung mit verbundener Produktion ist so beschaffen, daß sie nach jeder Richtung im Sinne des Fundamentalsatzes[2]) der verbundenen Produktion die Gesetze der einfachen Produktion erfüllt.

(XXVIII) Den ausgezeichneten Punkten in der einfachen Produktion entsprechen ausgezeichnete Kurven in der verbundenen Produktion von zwei Gütern. (Allgemein: $(n-1)$ — dimensionale Mannigfaltigkeiten bei verbundener Produktion von n Gütern.) Darüber hinaus führt der folgende Satz, der für die verbundene Produktion hinzukommt:

(XXIX) Jeder Produktionslänge ist eine günstigste Produktionsrichtung zugeordnet; dadurch ist eine Kurve der günstigsten Richtungen definiert. Diese Kurve und die Kurve der günstigsten Produktionslängen bestimmen durch ihren Schnittpunkt den günstigsten Produktionsvektor der Unternehmung, also ihr Angebot.[3])

Der endgültige Beweis dieses Satzes ergibt sich unten aus dem Satze XXXI.

Wir sehen: das neue Element, welches bei der verbundenen Produktion in die Betrachtung hereinkommt, ist die Richtung. Diese Tatsache gilt auch für den Fall, daß mehr als zwei Güter verbunden produziert werden. In bezug auf die Richtung sind die Kategorien der einfachen Produktion unbestimmt. Sie lassen auch keine sinngemäße zusätzliche Definition zu, die eine eindeutige Bestimmung zufolge hätte. Nur der günstigste Produktsvektor wird als der günstigste nicht nur der Länge, sondern auch der Richtung nach definiert.

---

[1]) Innerhalb von $q\,[\varphi]$ kann s nur in einem geeigneten Falle des Monopols verlaufen.

[2]) Satz (XXVI).

[3]) Bezüglich des Bedarfsdeckungsprinzips ist hier zu sagen, daß auch in der Monopolwirtschaft ein zusätzliches subsidiäres Prinzip notwendig wird, etwa in der Form, daß von allen größtmöglichen Produktionsgeschwindigkeiten (jede Richtung hat eine solche Produktionsgeschwindigkeit) diejenige realisiert werden soll, welche die niedrigsten Durchschnittskosten hat. Es muß eben außer der Länge auch irgendwie die Richtung bestimmt werden.

Durch diese Ausführungen ist die Aufgabe, die wir uns bezüglich der verbundenen Produktion gestellt hatten, auch für den allgemeinen Fall gelöst. Wir können allerdings noch eine (unter der Annahme der Regularität aller auftretenden Funktionen unwesentliche) Erweiterung des Fundamentalsatzes und somit auch des Satzes XXVIII geben. Es gilt nämlich für den Fall, daß die Richtung nicht konstant, sondern überhaupt eine eindeutige stetige Funktion der Länge ist, ebenfalls der Fundamentalsatz. In diesem Falle sind die ökonomischen Funktionen (Gewinn, Ertrag, Kosten) nicht längs eines Strahles, sondern längs einer Kurve definiert. Als Produktionsgeschwindigkeit bleibt die Länge des jeweiligen Produktsvektors beibehalten.

Das grundlegende Ergebnis der bisherigen Darstellung der verbundenen Produktion ist folgendes: wenn man die Begriffe „Länge" und „Richtung" des Produksvektors geeignet definiert, lassen sich alle Aussagen über die einfache Produktion auch auf die verbundene Produktion übertragen. Die verbundene Produktion erscheint nicht als der einfachen Produktion koordiniert, sondern als ihr übergeordnet. Die einfache Produktion ist ein Spezialfall der verbundenen. Und zwar: — und das ist entscheidend — die Lehre von der einfachen Produktion ist ganz in der Lehre der von der verbundenen Produktion enthalten. Nur enthält die Lehre von der verbundenen Produktion außerdem noch Elemente, die in der Lehre von der einfachen Produktion nicht enthalten sind. Diese Elemente knüpfen an den Begriff der „Richtung" des Produktsvektors an. Wir können somit folgenden Satz formulieren:

(XXX) Für die gesamte Produktion gilt die Lehre von der Produktionsgeschwindigkeit. Für die verbundene Produktion gilt außerdem die Lehre von der Produktionsrichtung.

II.

Die Gesamtkosten und der Ertrag sind im Falle der verbundenen Produktion von beiden Gütern abhängig. Da wir die Produktionsgeschwindigkeiten als Funktionen der Länge und der Richtung des Produktsvektors darstellen können, so können wir auch sagen: die Gesamtkosten und der Ertrag sind Funktionen der Länge und der Richtung des Produktsvektors.

Wir denken uns im folgenden die Länge des Produktsvektors gegeben. Dann sind die erwähnten Größen nur von der Produktionsrichtung abhängig. Wir können in diesem Falle die Gesamtkosten und den Ertrag als Funktionen der Produktionsrichtung φ betrachten. Hier ist nun von ausschlaggebender Bedeutung, daß der Winkel φ nur zwischen 0^0 und 90^0 variieren kann, daß also die erwähnten Funktionen nur in einem beschränkten Bereich definiert sind. Wenn wir den Winkel φ im Bogenmaß messen, können wir sagen: die genannten Funktionen sind nur im Intervall $\left[0, \dfrac{\pi}{2}\right]$ definiert.

Dasselbe gilt auch von allen Funktionen, die sich aus der Ertrags- und aus der Gesamtkostenfunktion in irgendeiner dem Stetigkeitsprinzip nicht widersprechenden Weise zusammensetzen bzw. ableiten lassen. Aus dieser Tatsache und aus der oben gemachten Annahme, daß alle auftretenden Funktionen regulär sein sollen, ergibt sich der wichtige Satz:

(XXXI) Die Ertrags- und die Gesamtkostenfunktion, sowie deren Zusammensetzungen und Ableitungen haben im Definitionsbereich der variablen φ stets ein Minimum und ein Maximum.

Dies gilt also auch von der Gewinnfunktion. Somit gibt es stets eine günstigste Produktionsrichtung, ganz gleichgültig, wie die Ertrags- oder Kostenfunktion sonst beschaffen sind (cf. Satz XXX). Die Unternehmungen brauchen also bezüglich der Produktionsrichtung, anders als bezüglich der Produktionsgeschwindigkeit, keine besonderen Eigenschaften ihrer Gesamtkostenfunktion aufzuweisen, um funktionieren zu können.

III.

Wir wollen uns noch einmal die Bedeutung der Polarkoordinaten, die wir anwandten, vergegenwärtigen und bei dieser Gelegenheit eine wichtige Erweiterung der Theorie der Produktionsrichtung vornehmen.

Die Polarkoordinaten sind ein Sonderfall der krummlinigen Koordinaten. Sie bestehen aus einer Schar von Strahlen, die durch den Nullpunkt gehen, und einer Schar von konzentrischen Kreisen um den Nullpunkt. Jeder Punkt der Ebene wird als Schnittpunkt eines Kreises und eines Strahles dargestellt. Die Betrachtung der Länge des Produktsvektors bei fester Produktionsrichtung ist nichts anderes als die Betrachtung der uns interessierenden Funktionen längs eines Strahles. Die Theorie der Produktionsrichtung ist nichts anderes als die Untersuchung dieser Funktionen längs eines Kreises.

Wir haben bereits erwähnt, daß dieselben Gesetze, die für unsere Funktionen längs eines Strahles durch den Nullpunkt gelten, auch längs einer Kurve gültig sind, welche die Richtung als eine eindeutige stetige Funktion der Länge des Produktsvektors definiert. Hierbei ist leicht einzusehen, daß die Betrachtung längs eines Strahles durch den Nullpunkt nur ein Spezialfall dieser allgemeineren Betrachtung ist. Der Strahl definiert nämlich die Richtung als eine Konstante in bezug auf die Länge.

Ganz ebenso ist es nun möglich, die Betrachtung längs eines Kreises zu verallgemeinern. Der Kreis ist eine Kurve, welche die Länge als eine Konstante in bezug auf die Richtung definiert. Die Sätze, die längs eines Kreises gelten, behalten ihre Gültigkeit, wenn man an Stelle des Kreises eine andere Kurve betrachtet, welche der Forderung genügt, die Länge als eindeutige stetige Funktion der Richtung zu definieren.

Somit können wir die Strahlen durch eine Schar geeigneter, sich nicht schneidender Kurven, und ebenso auch die Kreise durch geeignete

andere Kurven, die sich ebenfalls nicht schneiden dürfen,[1]) ersetzen.
Die erste Möglichkeit hat für uns keine Bedeutung, wohl aber die zweite.
Wir werden nämlich im folgenden Abschnitt die allgemeine Bestimmung
der günstigsten Produktionsgeschwindigkeit nach dem erwerbswirtschaftlichen Prinzip bei verbundener Produktion darstellen und hiebei ein
krummliniges Koordinatensystem betrachten, bestehend aus Strahlen
durch den Nullpunkt und aus Kurven, welche die Länge als eindeutige
stetige Funktion der Richtung definieren;[1]) hiedurch wird es uns gelingen,
die günstigste Produktionsgeschwindigkeit der verbundenen Produktion
aus den Ergebnissen der einfachen Produktion und aus dem Satz XXXI
der Theorie der Produktionsrichtung durch eine in der theoretischen
Ökonomik bereits bekannte geometrische Konstruktion zu erhalten.

IV.

1. Eine Kombination der beiden Produktionsgeschwindigkeiten
x_1, x_2 wird durch einen Punkt in der Ebene repräsentiert, dessen Koordinaten x_1, x_2 sind. Wir denken uns nun alle Punkte, die gleiche Gesamtkosten haben, durch eine Kurve verbunden. Wir erhalten so in unserer
Ebene eine Kurvenschar. Jede Kurve ist dadurch ausgezeichnet, daß sie
der geometrische Ort aller Produktionsniveaus mit gleichen Gesamtkosten ist. Wir können sie als kostenindifferente Kurve bezeichnen. Wir
müssen uns nun etwas genauer mit der Gestalt einer solchen Kurve
befassen. Hiebei wollen wir zur Vereinfachung annehmen, daß die Gesamtkosten monoton im engeren Sinne sind.

Zunächst eine wichtige Feststellung: Keine kostenindifferente Kurve
kann von einer anderen kostenindifferenten Kurve geschnitten werden.
Denn dann würde ein Vektor stärker sein als ein teurer Vektor,[2]) was
wegen der Monotonie unmöglich ist. Zweitens: Wegen der Monotonie im
engeren Sinne hat jede Richtung nur einen Punkt, dessen Gesamtkosten
eine vorgegebene Höhe haben. Die kostenindifferenten Kurven definieren
also ihren Radiusvektor als eindeutige Funktion der Richtung, die auf
Grund der Regularitätsvoraussetzung der Gesamtkostenfunktion auch
stetig differenzierbar ist. Drittens: Unter allen Vektoren, die durch eine
solche Kurve als Produktsvektoren mit gleichen Gesamtkosten definiert
werden, können nicht zwei Vektoren vorkommen, von denen der eine
ganz im anderen enthalten wäre, ohne daß sie übereinstimmten. Alle
kostenindifferenten Vektoren sind gleich stark.[2]) D. h.: Zwei beliebige
Radiusvektoren einer kostenindifferenten Kurve sind so beschaffen, daß,
wenn der eine eine größere erste Komponente x_1 hat, als der andere,
seine zweite Komponente x_2 kleiner sein muß als die des anderen.[3]) Die
Kurve definiert somit x_1 als eine monoton fallende Funktion von x_2 und

---

[1]) Jede dieser Kurvenscharen muß die Forderung erfüllen, daß sich ihre
Kurven miteinander nicht schneiden. Sonst wäre die Forderung nach der um-
kehrbar-eindeutigen Zuordnung der Punkte und ihrer Koordinaten nicht erfüllt.

[2]) cf. S. 15, Anm. 1.

[3]) Durch die Kurve wird x_1 als Funktion von x_2 definiert und umgekehrt,
und zwar gilt stets:

umgekehrt. Eine solche Kurvenschar würde etwa die Gestalt haben, wie sie in den beiden Darstellungen der Abb. 12 angedeutet ist.

Die kostenindifferenten Kurven können also entweder konkav nach unten oder konkav nach oben sein.

Diese Kurven erfüllen die Forderung, ihre Radiusvektoren als eindeutige Funktionen der Richtung zu definieren. Längs dieser Kurven gelten also analoge Gesetze wie längs der konzentrischen Kreise. Sie ergeben in Verbindung mit dem Strahlenbüschel durch den Nullpunkt ein krummliniges Koordinatensystem.

Wir betrachten jetzt die Ertragsfunktion. Für diese kann man „ertragsindifferente" Kurven konstruieren, die alle Produktionsniveaus verbinden, welche den gleichen Ertrag gewähren. Diese Kurven können sehr verschiedene Gestalt haben.[1]

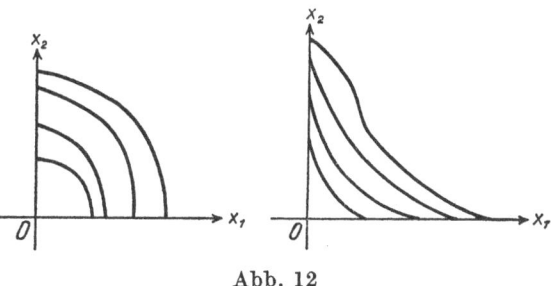

Abb. 12

Legt man die Schar der kostenindifferenten und die Schar der ertragsindifferenten Kurven übereinander, so wird jede kostenindifferente Kurve im allgemeinen von unendlich vielen ertragsindifferenten Kurven geschnitten und umgekehrt. Zu jeder ertragsindifferenten Kurve gehört nun eine innerste kostenindifferente Kurve, die mit jener ertragsindifferenten Kurve einen gemeinsamen Punkt hat. Dieser Punkt ist dann das Produktionsniveau, welches einen bestimmten Ertrag mit den niedrigstmöglichen Gesamtkosten erzielt. Der geometrische Ort aller dieser Punkte ist eine Kurve. Sie ist identisch mit der Kurve, welche entsteht, wenn man diejenigen Punkte der kostenindifferenten Kurven, welche jeweilig zu den höchstmöglichen Erträgen gehören, miteinander verbindet. Wir bezeichnen diese Kurve als die Kurve der günstigsten Richtungen, wobei wir beachten, daß wir die Richtung nicht längs eines Kreises, sondern längs der kostenindifferenten Kurve variieren lassen. Auf dieser Kurve muß auch der Punkt des günstigsten Produktionsniveaus liegen. Da er außerdem auf der Kurve der günstigsten Produktionsgeschwindig-

$$\frac{dx_1}{dx_2} < 0; \quad \frac{dx_2}{dx_1} < 0.$$

Hat z. B. die kostenindifferente Kurve auf der Achse Nr. 1 den Punkt k_1 und auf der Achse Nr. 2 den Punkt k_2, so verläuft sie ganz in dem Rechteck mit den Eckpunkten:

$$(0, 0), \ (k_1, 0), \ (k_1, k_2), \ (0, k_2).$$

Innerhalb dieses Rechtecks muß sie monoton abnehmen, kann aber im übrigen beliebig verlaufen.

[1] Sie können z. B. geschlossene Kurven sein, die um einen Punkt, den Maximalpunkt der Ertragsfunktion, gelegen sind.

keiten liegen muß, so erhalten wir ihn als den Schnittpunkt der Kurven der günstigsten Richtungen und der günstigsten Produktionslängen s $[\varphi]$.

Ist insbesondere freie Konkurrenz gegeben, so erscheinen die ertragsindifferenten Kurven als parallele Geraden, welche auf den Achsen Nr. 1 und Nr. 2 Stücke abschneiden, die sich umgekehrt verhalten wie die zugehörigen Preise.

Die Punkte der Kurve der günstigsten Richtungen ergeben sich als Tangentialpunkte dieser Geraden und der kostenindifferenten Kurven, wobei die kostenindifferente Kurve im übrigen zwischen der Geraden und dem Nullpunkt verlaufen muß. Hat eine Gerade keinen solchen Tangentialpunkt mit einer Kurve, so liegt der zugehörige günstigste Richtungspunkt auf einer der beiden Achsen. Sind nun die kostenindifferenten Kurven konkav nach oben, so kann bei keiner Preiskombination ein Tangentialpunkt der bezeichneten Art vorkommen.[1] Hieraus folgt der Satz:

(XXXII) Sind die kostenindifferenten Kurven konkav nach oben, so kann in der freien Konkurrenz niemals verbundene Produktion stattfinden, sondern es wird entweder das Gut Nr. 1 oder das Gut Nr. 2 allein produziert.

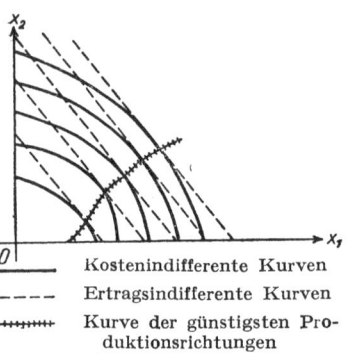

Kostenindifferente Kurven
- - - - Ertragsindifferente Kurven
++++++ Kurve der günstigsten Produktionsrichtungen

Abb. 13

Nebenstehende Zeichnung bringt die Konstruktion[2] der Kurve der günstigsten Richtungen in der Konkurrenzwirtschaft.

Diese Konstruktion ermöglicht folgende einfache Bestimmung des günstigsten Produktsvektors: Indem wir die beiden Indifferenz-Kurvenscharen übereinanderlegen, erhalten wir die Verbindungslinie der Tangentialpunkte als geometrischen Ort für das gesuchte günstigste Produktionsniveau. Dieser geometrische Ort ist auch bei mehr als zwei Gütern eindimensional, ist also eine Raumkurve. Die beschriebene Konstruktion eliminiert aus dem Problem die unbekannte Richtung des günstigsten Produktsvektors. Die Kurve der günstigsten Richtungen definiert die Richtung als eindeutige Funktion der Länge. Beachten wir den Zusatz[3] zum Lehrsatz XXVIII, so sehen wir, daß durch jene Konstruktion der allgemeine Fall der verbundenen Produktion auf den speziellen Fall des gebundenen Mengenverhältnisses und über diesen auf Grund des Lehrsatzes XXVI auf den Fall der

---

[1] Hier würde nämlich die tangierende, ertragsindifferente Gerade zwischen der kostenindifferenten Kurve und dem Nullpunkt liegen, also gerade entgegengesetzt der aufgestellten Forderung.

[2] Die Methode der Indifferenzkurven wurde in der theoretischen Ökonomik erstmalig von Edgeworth und mit grundlegendem Erfolg von Vilfredo Pareto angewendet (cf. V. Pareto, Manuel d'économie politique, Paris 1927, 2. éd., pag. 540, Anm. 1).

[3] S. 60 oben.

einfachen Produktion eines Gutes reduziert ist. Längs der Kurve der günstigsten Richtungen wird die günstigste Länge nach der Theorie der einfachen Produktion bestimmt. Dies kann geschehen, indem man die Gesamtkosten- und die Ertragsfunktion längs jener Kurve betrachtet. Es kann aber auch folgende Vereinfachung vorgenommen werden: Wir greifen ein Gut, z. B. Nr. 1 heraus. Durch die Kurve der günstigsten Produktionsrichtungen ist die Produktionsgeschwindigkeit des Gutes Nr. 2 als Funktion der Produktionsgeschwindigkeit des Gutes Nr. 1 definiert. Wir betrachten deshalb die Gesamtkosten und den Ertrag beider Güter als Funktionen nur der Produktionsgeschwindigkeit des Gutes Nr. 1. Dadurch haben wir genau den allgemeinen Fall des einfachen Angebotes und verfahren nach den bekannten Regeln.

§ 3. Die Kosten als nichttransformierte Funktion der beiden Produktionsgeschwindigkeiten.

I.

In den beiden ersten Paragraphen wählten wir für die Darstellung der Theorie der verbundenen Produktion den Umweg über die Polarkoordinaten, weil wir nur so den Nachweis bringen konnten, daß die für die einfache Produktion ausgebildeten Denkformen auch für die verbundene gültig sind. Ferner erlaubte uns dieser Umweg, die Beschreibung der Gesamtkostenfunktion im Falle der verbundenen Produktion einfacher und eingehender durchzuführen als es sonst möglich gewesen wäre. Es ist jedoch zuweilen vorteilhafter, die verbundene Produktion auf Grund des rechtwinkligen Koordinatensystems in ihrer Abhängigkeit von den Produktionsgeschwindigkeiten der einzelnen Güter zu betrachten. Dies wird besonders im nächsten Paragraphen der Fall sein, wo wir die Theorie der zwischenbetrieblichen Verrechnungspreise betrachten werden. Wir wollen deshalb in diesem Paragraphen Kosten und Ertrag als Funktionen der Produktionsgeschwindigkeiten des Gutes Nr. 1 und des Gutes Nr. 2 untersuchen.

II.

1. Die Gesamtkostenfunktion ist hier: $K = K(x_1, x_2)$. Wir brauchen nichts über ihre Eigenschaften anzuführen, da dies sich bereits aus den beiden vorhergehenden Paragraphen ergibt.

Nur eine Frage sei hier behandelt, nämlich die, ob man die Gesamtkosten im allgemeinen Falle der verbundenen Produktion auf die einzelnen Produktionsgeschwindigkeiten sinnvoll aufteilen kann. Für den Fall, daß die Güter in konstantem Verhältnis produziert werden, haben wir diese Frage oben verneint (cf. S. 57, Anm. 6.). Für den allgemeinen Fall gilt prinzipiell dasselbe. Zunächst: Es ist stets unmöglich, die konstanten Kosten sinngemäß aufzuteilen. Bezüglich der variablen Kosten gilt folgendes:

Die variablen Kosten einer bestimmten Produktionsgeschwindigkeit müssen zwei Forderungen erfüllen: sie müssen anzeigen, wieviel eingespart wird, wenn diese Produktionsgeschwindigkeit nicht realisiert wird; und sie müssen angeben, wieviel geopfert werden muß, damit eine solche Produktionsgeschwindigkeit realisiert werden kann. Nur wenn die variablen Kosten so auf die beiden Güter verteilt werden können, daß diese beiden Forderungen eindeutig erfüllt sind, können die beiden Teile als variable Kosten jeder Produktionsgeschwindigkeit angesprochen werden. Es läßt sich zeigen, daß eine solche eindeutige Aufteilung der variablen Kosten nur dann möglich ist, wenn die variable Kostenfunktion als Summe von zwei Funktionen erscheint, von denen die eine nur von x_1 und die andere nur von x_2 abhängt.[1])

2. Als Grenzkostenfunktionen des Gutes Nr. 1 bzw. Nr. 2 definieren wir die partiellen Ableitungen der Gesamtkostenfunktion nach x_1 bzw. nach x_2. Wir bezeichnen sie mit K'_1 und K'_2. Beide Grenzkostenfunktionen sind im allgemeinen sowohl von x_1 als auch von x_2 abhängig. Die Ableitungen dieser Funktionen nach den beiden Variablen bezeichnen wir mit K''_{11}, K''_{12}, K''_{21} und K''_{22}, wobei wegen Regularität der Gesamtkostenfunktion die Gleichheit $K''_{12} = K''_{21}$ besteht. Wir bezeichnen K''_{11} als Grenzkostensteigung des Gutes Nr. 1, K''_{22} als Grenzkostensteigung des Gutes Nr. 2.

Durchschnittsfunktionen würden sich analog definieren lassen, haben jedoch hier keine Bedeutung.

III.

Die Ertragsfunktion erscheint im Falle der freien Konkurrenz in der Form:

$$E(x_1,\ x_2) = x_1 \cdot P_1 + x_2 \cdot P_2;$$

im Falle des Monopols kann man einen allgemeinen Fall, wo der Preis eines Gutes vom Angebot beider Güter abhängt, und einen speziellen Fall, wo der Preis nur vom Angebot seines Gutes abhängt, unterscheiden.

Wir definieren die Begriffe „Grenzertrag" und „Grenzertragssteigung" ebenso wie die entsprechenden Begriffe für die Kosten.

---

[1]) Die variablen Kosten von x_1 und x_2 sind: $K_{II}(x_1,\ x_2)$.

Realisiert man x_1 nicht, so hat man die variablen Kosten: $K_{II}(0,\ x_2)$. Man spart also ein:

$$K_{II}(x_1,\ x_2) - K_{II}(0,\ x_2).$$

Realisiert man x_2 nicht, so spart man

$$K_{II}(x_1,\ x_2) - K_{II}(x_1,\ 0)$$

ein. Realisiert man weder x_1 noch x_2, so spart man $K_{II}(x_1,\ x_2)$ ein. Es ist nun aber im allgemeinen

$$K_{II}(x_1,\ x_2) \neq K_{II}(x_1,\ x_2) - K_{II}(0,\ x_2) + K_{II}(x_1,\ x_2) - K_{II}(x_1,\ 0),$$

d. h. also im allgemeinen:

$$K_{II}(x_1,\ x_2) \neq K_{II}(x_1,\ 0) + K_{II}(0,\ x_2).$$

Die Gleichheit besteht nur, wenn sich $K_{II}(x_1,\ x_2)$ als Summe von Funktionen von nur je einer Veränderlichen darstellen läßt, wenn man also schreiben kann:

$$K_{II}(x_1,\ x_2) = K_{II,\,1}(x_1) + K_{II,\,2}(x_2).$$

Also nur in diesem Falle ist eine Zurechnung der variablen Kosten auf die einzelnen Güter möglich.

Im Falle der freien Konkurrenz ist der Grenzertrag jedes Gutes dessen Preis, die Grenzertragssteigung gleich Null.

Analog ergibt sich die Darstellung der Gewinnfunktion.

IV

Wir betrachten die Bestimmung des günstigsten Produktionsvektors im Falle der Konkurrenz, wobei wir die Komponenten dieses Vektors mit s_1 bzw. s_2 bezeichnen. Der Gewinn wird hier ein Maximum, wenn die beiden Gleichungen

$$P_1 = K'_1 (s_1, s_2); \quad P_2 = K'_2 (s_1, s_2)$$

erfüllt sind, was eine einfache Differentiation[1]) der Gewinnfunktion ergibt. Wir erhalten so zwei Gleichungen, aus denen die beiden Unbekannten s_1 und s_2 zu berechnen sind. Diese Gleichungen beinhalten nachfolgenden, dem entsprechenden Satz der einfachen Produktion nachgebildeten Lehrsatz:

(XXXII) **Liegt bei Geltung des erwerbswirtschaftlichen Prinzips verbundene Produktion und freie Konkurrenz vor, so hat jedes Gut im günstigsten Produktionsniveau Grenzkosten, die dem zugehörigen Preise gleich sind.**

Eine weitere Bedingung für das Maximum des Gewinnes ist, daß die Grenzgewinnsteigungen negativ sind.[2]) Hieraus folgt ein dem entsprechenden Satz für das einfache Angebot analoger Lehrsatz:

(XXXIV) **Unter den Voraussetzungen des Satzes XXXIII sind die Grenzkostensteigungen im günstigsten Produktionsniveau positiv.**

Die sich hieraus ergebenden Konsequenzen brauchen nicht besonders formuliert zu werden, da sie sich allgemeiner bereits aus der Betrachtung der Polarkoordinaten ergeben.

Die dritte Bedingung für das Gewinnmaximum ist die, daß die Hessesche Determinante der Gewinnfunktion positiv ist. Diese Bedingung läßt sich jedoch für die ökonomische Theorie nicht weiter auswerten.

---

[1]) Wir differenzieren:
$$G(x_1, x_2) = x_1 \cdot P_1 + x_2 \cdot P_2 - K(x_1, x_2)$$
nach x_1 und x_2 und erhalten

$$\frac{\partial G}{\partial x_1} = P_1 - K'_1; \quad \frac{\partial G}{\partial x_2} = P_2 - K'_2.$$

Für $x_1 = s_1$ und $x_2 = s_2$ müssen beide Ableitungen von G verschwinden.

[2]) Es muß sein:

$$\frac{\partial^2 G}{\partial x^2_1} = - K''_{11} < 0$$

und

$$\frac{\partial^2 G}{\partial x^2_2} = - K''_{22} < 0$$

also:

$$K''_{11} > 0 \text{ und } K''_{22} > 0.$$

V.

Wir betrachten jetzt die Bestimmung des günstigsten Produktionsniveaus im Falle eines Monopols, und zwar unter a) für den allgemeinen
und unter b) für den speziellen Fall.

a) $G(x_1, x_2) = x_1 \cdot P_1(x_1, x_2) + x_2 \cdot P_2(x_1, x_2) - K(x_1, x_2)$

$$G'_1 = x_1 \cdot P'_{1,1} + P_1 + x_2 \cdot P'_{2,1} - K'_1$$
$$G'_2 = x_1 \cdot P'_{1,2} + P_2 + x_2 \cdot P'_{2,2} - K'_2.$$

Für das günstigste Produktionsniveau gilt:

$$K'_1 = P_1 + s_1 \cdot P'_{1,1} + s_2 \cdot P'_{2,1}$$
$$K'_2 = P_2 + s_1 \cdot P'_{1,2} + s_2 \cdot P'_{2,2}.$$

$P'_{1,1}$ und $P'_{2,2}$ sind sicher negativ. Ob $P'_{1,2}$ und $P'_{2,1}$ negativ
oder positiv sind, ergibt sich aus unseren Ausführungen in der Anm. auf
S. 17/18. Sind die beiden Güter Nr. 1 und Nr. 2 konkurrierend, so sind
beide partiellen Ableitungen negativ; dann sind die Grenzkosten der
günstigsten Produktionsgeschwindigkeit in diesem allgemeinsten Falle
des Monopols sicher kleiner als der Preis. Sind die beiden Güter komplementär zueinander, so sind beide Ableitungen positiv; dann läßt es sich
nicht entscheiden, ob die Grenzkosten kleiner oder größer sind als
der Preis. Analoge Ergebnisse erhalten wir für den Fall, daß die
beiden Güter weder konkurrierend noch komplementär sind, wenn wir
die verschiedenen Möglichkeiten der Nachfrageelastizität betrachten.
Allgemein: Ist eine partielle Ableitung $P'_{1,2}$ bzw. $P'_{2,1}$ negativ, so ist
der Monopolpreis P_1 bzw. P_2 größer als die Grenzkosten der günstigsten
Produktionsgeschwindigkeit. Ist eine partielle Ableitung $P'_{1,2}$ oder $P'_{2,1}$
positiv, so läßt sich über die Differenz zwischen Preis und Grenzkosten
nichts aussagen.

b) Im speziellen Falle des Monopols ist:

$$G(x_1, x_2) = x_1 \cdot P_1(x_1) + x_2 \cdot P_2(x_2) - K(x_1, x_2)$$
$$G'_1 = P_1(x_1) + x_1 \cdot P_1(x_1) - K'_1$$
$$G'_2 = P_2(x_2) + x_2 \cdot P_2(x_2) - K'_2.$$

Hier sieht man sofort, daß die Grenzkosten des günstigsten Produktionsniveaus kleiner sind als der Preis.

(Durch diese Ergebnisse wird die in den beiden ersten Paragraphen
dargestellte Theorie in keiner Weise modifiziert, sondern nur ergänzt.)

VI.

Zum Schluß noch einige Worte zum Bedarfsdeckungsprinzip. Wir
haben oben gesehen,[1] daß es im Falle der verbundenen Produktion stets
ein subsidiäres Prinzip erhalten muß, da es nur eine Aussage bezüglich
der Produktionslänge, nicht aber bezüglich der Produktionsrichtung
enthält. Dieser Satz gilt natürlich nicht in dem Fall, wo die Mengen
bereits vorher bestimmt sind. Hier hat das Bedarfsdeckungsprinzip zur

---

[1] cf. S. 59, Anm. 3.

Folge, daß der Preis der Vektoreinheit den Durchschnittskosten[1]) im betreffenden Produktionsniveau gleich ist. Eine Bestimmung der Preise der einzelnen Güter Nr. 1 und Nr. 2 ist aus dem Bedarfsdeckungsprinzip nicht möglich.

§ 4. Theorie des zwischenbetrieblichen Verrechnungspreises.

I.

Wir wollen jetzt ein Problem behandeln, das sowohl volkswirtschaftlich als auch betriebswirtschaftlich von Wichtigkeit ist. Es ist das Problem des zwischenbetrieblichen Verrechnungspreises, das wir hier allerdings nur ganz allgemein und grundsätzlich betrachten wollen.

Wir denken uns eine erwerbswirtschaftliche Unternehmung, die folgenden Aufbau zeigt: Sie besteht aus zwei Betrieben: Betrieb Nr. 1 und Betrieb Nr. 2. Betrieb 1 stellt das Gut Nr. 1 her, das vom Betriebe 2 als Produktionsmittel, z. B. als Betriebsstoff verwendet wird; Betrieb 2 stellt das Gut Nr. 2 her, das er auf dem Markte anbietet. Ganz allgemein gesehen, handelt es sich hier um die Produktion von zwei Gütern durch eine Unternehmung, also um einen Spezialfall der verbundenen Produktion. Die beiden Betriebe erscheinen jedoch als durchaus selbständig. Sie könnten auch zwei unabhängige Unternehmungen bilden und durch den Markt getrennt sein, wobei dann der Betrieb Nr. 1 vielleicht Lieferant des Betriebes Nr. 2 sein würde.

Wir wollen weiter annehmen, daß der Betrieb Nr. 2 dem Betriebe Nr. 1 für die gelieferten Produkte Nr. 1 einen Preis bezahlt. Diesen Preis bezeichnen wir als Verrechnungspreis. Auf diese Weise soll erreicht werden, daß der Betrieb Nr. 2 eine selbständige Kostenrechnung hat und seine Produktionsgeschwindigkeit danach auf Grund der allgemeinen Kostengesetze reguliert. Wir fragen uns nun, — und die Beantwortung dieser Frage ist die eigentliche Aufgabe dieses Paragraphen, — wie hoch dieser Verrechnungspreis sinngemäß sein muß. Damit ist eine weitere Frage verbunden: Wie reguliert sich die Produktionsgeschwindigkeit des Betriebes Nr. 1 ? Die Beantwortung dieser beiden Fragen wollen wir schrittweise erreichen, indem wir mit vereinfachten Voraussetzungen beginnen.

II.

Wir nehmen zunächst an, daß das Produkt Nr. 1 nicht marktgängig ist, daß es also weder gekauft noch verkauft werden kann. Der Betrieb Nr. 1 produziert gerade soviel von seinem Produkt Nr. 1, als der Betrieb Nr. 2 von ihm anfordert. Der Betrieb Nr. 2 produziert das Gut Nr. 2 und bringt es auf den Markt. Die Gesamtunternehmung erscheint somit als Produzent nur des einen Gutes Nr. 2. Um zu bestimmen, wieviel von

---

[1]) Also:

$$\frac{K(x_1, x_2)}{\sqrt{x^2{}_1 + x^2{}_2}}$$

diesem Gute die Gesamtunternehmung produzieren muß, um den höchstmöglichen Gewinn zu erzielen, um also die günstigste Produktionsgeschwindigkeit der Gesamtunternehmung zu bestimmen, brauchen wir
die Zweiteilung dieser Unternehmung in die beiden Betriebe gar nicht zu
berücksichtigen. Wir können die Gesamtkosten dieser Unternehmung als
Produzenten des Gutes Nr. 2 feststellen und errechnen die günstigste
Produktionsgeschwindigkeit in bekannter Weise auf Grund des Fundamentalsatzes des erwerbswirtschaftlichen Prinzips. Dies ist der Ausgangs-
punkt. Es gilt nun die Forderung, daß der Verrechnungspreis
zwischen dem Betrieb Nr. 1 und dem Betrieb Nr. 2 so beschaffen
sein muß, daß der Betrieb Nr. 2 unter Befolgung der Kostengesetze gerade
die Produktionsgeschwindigkeit s und keine andere realisiert. Denn
würde er eine andere Produktionsgeschwindigkeit realisieren, so würde
der erzielte Gesamtgewinn kein Maximum darstellen können. Ein Verrechnungspreis, der die Kostengestaltung des Betriebes Nr. 2 dahin
beeinflußt, daß eine andere Produktionsgeschwindigkeit realisiert wird
als die für die Gesamtunternehmung günstigste Produktionsgeschwindigkeit s, muß demnach als falsch bezeichnet werden. Das Produkt der
Gesamtunternehmung ist identisch mit dem Produkt des Betriebes Nr. 2.
Die Gesamtunternehmung tritt durch den Betrieb Nr. 2 in Verbindung
mit dem Markt. Da der Betrieb Nr. 2 sich nach den allgemeinen Kosten-
gesetzen richten soll, so ergibt sich für diesen Betrieb als Bestimmungsgrund des Produktionsniveaus der Fundamentalsatz des erwerbswirtschaftlichen Prinzips. Die Grenzkosten des Betriebes Nr. 2 müssen dem
Grenzertrag gleich sein, wenn der Betrieb Nr. 2 die günstigste Produktionsgeschwindigkeit s realisiert. Da aber der Grenzertrag der Produktionsgeschwindigkeit s den Grenzkosten der Gesamtunternehmung gleich
ist und da ferner jene Forderung für jede beliebige Ertragsfunktion, der
sich die Unternehmung gegenüber sehen könnte, gilt, so erhalten wir
die wichtige Feststellung, daß die Grenzkosten der Gesamtunternehmung
und die Grenzkosten des Betriebes Nr. 2 einander stets gleich sein müssen,
daß also die Grenzkostenfunktionen der Gesamtunternehmung und des
Betriebes Nr. 2 identisch sind. Das bedeutet aber (da die Grenzkostenfunktionen Ableitungen der Gesamtkostenfunktionen sind), daß die
Gesamtkostenfunktionen der Gesamtunternehmung und des Betriebes
Nr. 2 bis auf eine willkürliche Konstante einander gleich sein müssen.
Betrachten wir diese beiden Gesamtkostenfunktionen etwas genauer.
Sie setzen sich aus ganz gleichen Posten additiv zusammen bis auf die
Kosten des Produkts Nr. 1, das der Betrieb Nr. 1 herstellt. Hier enthält
die Gesamtkostenfunktion der Gesamtunternehmung die Gesamtkosten-
funktion des Betriebes Nr. 1, während die Gesamtkostenfunktion des
Betriebes Nr. 2 an derselben Stelle das Produkt aus der vom Betrieb
Nr. 1 hergestellten Menge und dem Verrechnungspreis enthält. Unsere
obige Feststellung reduziert sich somit auf den Satz: die Gesamtkosten
des Betriebes Nr. 1 und das Produkt aus der Produktionsgeschwindigkeit
des Betriebes Nr. 1 und dem Verrechnungspreis müssen einander für alle
Produktionsgeschwindigkeiten des Betriebes Nr. 1 bis auf eine willkürliche

Konstante gleich sein. Wir dürfen, ohne daß sich etwas am Gesamtgewinn der Unternehmung ändert, diese Konstante gleich Null setzen. Dann sind die Gesamtkosten des Betriebes Nr. 1 dem Produkt aus Produktionsgeschwindigkeit des Betriebes Nr. 1 und Verrechnungspreis gleich. Wir erhalten so den wichtigen Satz:

(XXXV) Der Verrechnungspreis, den innerhalb einer geschlossenen Unternehmung ein Betrieb Nr. 1 einem Betrieb Nr. 2 in Rechnung stellt, ist unter der Voraussetzung, daß das Produkt des Betriebes Nr. 1 nicht marktgängig ist, den Durchschnittskosten des Betriebes Nr. 1 gleich. Anders ausgedrückt: Der Betrieb Nr. 1 beliefert den Betrieb Nr. 2 nach dem Bedarfsdeckungsprinzip.

Zusatz: Das erwerbswirtschaftliche Prinzip bleibt in bezug auf die Gesamtunternehmung gewahrt, wenn man zum Verrechnungspreis den Quotienten aus einer beliebigen positiven oder negativen Konstanten und der Produktionsgeschwindigkeit des Betriebes Nr. 1 addiert.

Gleichzeitig ist auch die vom Betriebe Nr. 1 realisierte Produktionsgeschwindigkeit bestimmt. Sie ist identisch mit der vom Betriebe Nr. 2 in der Zeiteinheit angeforderten Menge des Produktes Nr. 1.

III.

Wir ändern jetzt eine Voraussetzung. Wir wollen annehmen, daß auch das Produkt Nr. 1 marktgängig ist, daß also auch dieses Produkt gekauft und verkauft werden kann. Durch diese Voraussetzung wird die Sachlage komplizierter. Zur Vereinfachung nehmen wir an, daß freie Konkurrenz herrscht.

Zunächst wollen wir etwas genauer das Ergebnis des vorigen Abschnittes vor Augen führen. Wir haben gesehen, daß in dem dort behandelten Falle der ganze Gewinn bis auf eine Konstante beim Betriebe Nr. 2 erscheinen mußte, damit dieser Betrieb die für die ganze Unternehmung günstigste Produktionsgeschwindigkeit realisierte. Dieses Prinzip ist allgemeingültig. Tatsächlich muß stets der Gesamtgewinn einer Unternehmung als Einheit auftreten.

Es gilt für jede erwerbswirtschaftliche Produktion der Satz:

(XXXVI) Die günstigsten Produktionsgeschwindigkeiten zweier Unternehmungen sind einander dann gleich, wenn sich ihre Gewinnfunktionen nur um eine von den Produktionsgeschwindigkeiten unabhängige Größe, also um eine Konstante unterscheiden.

Das bedeutet in der Anwendung auf das hier behandelte Problem, daß die Gewinnfunktionen des Betriebes Nr. 2 und der Gesamtunternehmung nur um eine Konstante verschieden sein dürfen; daß also der Betrieb Nr. 1 höchstens einen Gewinn erhalten darf, der von der Produktion Nr. 2 unabhängig ist. Jedenfalls wird also das ökonomische

Prinzip gewahrt, wenn der Verrechnungspreis so gesetzt wird, daß der Betrieb Nr. 1 gar keinen Gewinn erhält. Dieser Verrechnungspreis, der eine spezielle Lösung unserer Aufgabe darstellen würde, darf dahin modifiziert werden, daß der Betrieb Nr. 1 einen konstanten Gewinn erhält. Wir wollen uns im folgenden zunächst nach der erwähnten speziellen Lösung fragen. Die allgemeine ergibt sich dann durch eine einfache Erweiterung.

Wir wollen also zusehen, wie sich die Dinge gestalten, wenn beide Güter marktgängig sind. In diesem Falle brauchen die in der Zeiteinheit vom Betriebe Nr. 1 hergestellten und die in derselben Zeiteinheit vom Betriebe Nr. 2 angeforderten Mengen des Produktes Nr. 2 nicht übereinzustimmen. Deshalb wollen wir die in der Zeiteinheit vom Betrieb Nr. 1 hergestellte Menge mit x_1, die vom Betriebe Nr. 2 angeforderte Menge mit y und die vom Betriebe Nr. 2 hergestellte Menge mit x_2 bezeichnen.

Die erste grundlegende Feststellung ist, daß der Betrieb Nr. 1 in unserem Falle (also bei freier Konkurrenz und Marktgängigkeit des Gutes Nr. 1) bezüglich der von ihm realisierten Produktionsgeschwindigkeit, also bezüglich x_1, vom Betriebe Nr. 2 und von der angeforderten Produktionsgeschwindigkeit y völlig unabhängig ist. Er muß stets die Produktionsgeschwindigkeit realisieren, deren Grenzkosten dem Preise P_1 seines Gutes gleich sind. Wir bezeichnen diese Produktionsgeschwindigkeit mit s_1.

Ist nämlich y kleiner als s_1, so erzielt der Betrieb Nr. 1 durch zusätzliche Produktion von $s_1 - y$ einen Gewinn, ohne daß sich der Gewinn des Betriebes Nr. 2 ändert. Ist y größer als s_1, so hat der Betrieb Nr. 1 geringere Kosten, wenn er $y - s_1$ zu s_1 hinzukauft, als wenn er die Differenz selbst produziert. Hieraus folgt, daß die Gesamtkosten des Betriebes Nr. 1, die wir mit $K_1(x_1)$ bezeichnen, unabhängig von y, stets, $K_1(s_1)$ betragen. Hiervon geht ab der Erlös aus dem Verkauf von $s_1 - y$, bzw. kommt hinzu die Kaufsumme für den Zukauf von $y - s_1$; in beiden Fällen ist also $(y - s_1) \cdot P_1$ zu addieren. Der Saldo des Betriebes Nr. 1 vor der Bezahlung von y beträgt somit:

$$K_1(s_1) + (y - s_1) \cdot P_1.$$

Dieser Saldo kann positiv oder negativ sein. Im ersten Falle bedeutet er Kosten, im zweiten Gewinn. Damit nun der Betrieb Nr. 1 ohne Gewinn und ohne Verlust bleibt, muß die Summe, die der Betrieb Nr. 1 dem Betriebe Nr. 2 in Rechnung zu stellen hat und die sich als Produkt aus dem Verrechnungspreis V und der angeforderten Menge y ergibt, dem obigen Saldo gleich sein. Der Verrechnungspreis kann hiebei positiv, also vom Betrieb Nr. 2 an den Betrieb Nr. 1 zu zahlen, oder negativ, also vom Betrieb Nr. 1 an den Betrieb Nr. 2 zu zahlen sein.

Somit haben wir:

$$y \cdot V = K_1(s_1) + (y - s_1) \cdot P_1.$$

Nun ist dies nicht die einzig mögliche Lösung für die Bestimmung des Verrechnungspreises V. Wir wissen, daß sich der Gewinn des Betriebes

Nr. 2 um eine Konstante vom Gewinn der Gesamtunternehmung unterscheiden kann. D. h. in der Rechnung des Betriebes Nr. 1 darf ein konstanter Gewinn erscheinen. Ein solcher konstanter, d. h. von y und von x_2 unabhängiger Gewinn ist der Betrag, den der Betrieb Nr. 1 gewinnen (bzw. verlieren) würde, wenn er die ganze Menge s_1 auf dem Markte verkaufen würde, also $s_1 . P_1 — K_1 (s_1)$. Diesen Gewinn addieren wir zu dem Betrag, den der Betrieb Nr. 1 dem Betriebe Nr. 2 in Rechnung stellt. Dann haben wir:

$$y . V = K_1 (s_1) + y . P_1 — s_1 P_1 + s_1 . P_1 — K_1 (s_1) = y . P_1.$$
$$V = P_1.$$

Wir erhalten so als Ergebnis dieses Abschnittes den Satz:

(XXXVII) Ist das Gut des Betriebes Nr. 1 marktgängig, und herrscht auf seinem Markte freie Konkurrenz, so ist der Verrechnungspreis dem Marktpreise gleich. Dies ist die spezielle Lösung des Problems; die allgemeine ergibt sich durch den Zusatz: Der Verrechnungspreis kann sich vom Marktpreis um den Quotienten aus einer beliebigen Konstanten und der in der Zeiteinheit vom Betriebe Nr. 2 angeforderten Menge unterscheiden.

Wir sehen also: Unter den gemachten Voraussetzungen ist es gleichgültig, ob die beiden Betriebe untereinander verbunden oder durch den Markt getrennt sind.

IV.

Herrscht auf dem Markte des Produktes Nr. 1 das Monopol (wir nehmen den speziellen Fall, wo der Preis nur von der Menge seines Gutes abhängt), so ist der Marktgewinn des Betriebes Nr. 1:

$$(s_1 — y) . P_1 (s_1 — y) — K_1 (s_1)$$

wobei sich s_1 als Funktion von y aus der Forderung ergibt, daß dieser Gewinn ein Maximum wird, also aus der Gleichung

$$(s_1 — y) . P'_1 (s_1 — y) + P_1 (s_1 — y) — K'_1 (s_1) = 0.$$

Hier ist s_1 abhängig von y, also im allgemeinen verschieden von der Produktionsgeschwindigkeit, die realisiert werden würde, wenn der Betrieb Nr. 1 selbständig wäre. Da somit auch der Marktgewinn von y abhängig ist, so ist auch der Verrechnungspreis von y abhängig.

Es gilt:

$$y . V = K_1 (s_1) — (s_1 — y) . P_1 (s_1 — y)$$
$$= K_1 (s_1) — s_1 . P_1 (s_1 — y) + y . P_1 (s_1 — y)$$
$$V = P_1 (s_1 — y) — \frac{s_1 . P_1 (s_1 — y) — K_1 (s_1)}{y}$$

$P_1 (s_1 — y)$ ist der Marktpreis des Gutes Nr. 1. Er ist um den Betrag

$$\frac{s_1 . P_1 (s_1 — y) — K_1 (s_1)}{y}$$

größer als der Verrechnungspreis V. Der Zähler dieses Ausdruckes ist von y abhängig; es ist, anders als im Falle der freien Konkurrenz, nicht möglich, den Verrechnungspreis dadurch dem Marktpreis anzugleichen, daß man für den Betrieb Nr. 1 einen konstanten Gewinn festsetzt. Somit erhalten wir im Falle des Monopols ein wesentlich anderes Ergebnis als im Falle der Konkurrenz auf dem Markte des Gutes Nr. 1. Der Verrechnungspreis ist nämlich im Falle des Monopols vom Marktpreis wesentlich verschieden.

Dieses Ergebnis führt zu einer wichtigen Erkenntnis. Wäre der Verrechnungspreis auch im Falle des Monopols dem Marktpreis im wesentlichen gleich, so könnte der Betrieb Nr. 1 so produzieren, als ob er mit dem Betrieb Nr. 2 keine gemeinsame Unternehmung bildete, sondern ihm gegenüber ein selbständiges ökonomisches Interesse aufwiese. Daß dies nicht der Fall ist, bedeutet, daß der Gewinn der Gesamtunternehmung, also der beiden interessenmäßig verbundenen Betriebe größer ist als die Summe ihrer Gewinne, wenn sie voneinander unabhängig wären. Wir können den Satz formulieren:

(XXXVIII) Ist ein Gut Nr. 1 Produktionsmittel eines Gutes Nr. 2 und ist der Markt des Gutes Nr. 1 monopolisiert, so ist der Gesamtgewinn der Unternehmung, die das Gut Nr. 1 produziert, und einer Unternehmung, die das Gut Nr. 2 produziert, größer, wenn beide Unternehmungen eine Gesamtunternehmung bilden, als wenn sie voneinander unabhängig sind.

V.

Für den Fall, daß der Betrieb Nr. 1 mehrere Güter produziert, läßt sich auf Grund der Theorie des verbundenen Angebotes sofort die Analogie zum Fall des einfachen Angebotes herstellen. Soweit diese Güter nicht marktgängig sind, läßt sich ein Verrechnungspreis nur in dem Sinne konstruieren wie die Durchschnittskosten. Sind die Güter marktgängig, so sind ihre Verrechnungspreise im Falle freier Konkurrenz den entsprechenden Marktpreisen gleich.[1]

Viertes Kapitel.

Die Entwicklung der Kosten und die Struktur der Volkswirtschaft.

Die Gestalt der Kostenkurven ist ein wesentliches regulierendes Moment der Produktion einer Unternehmung; und da die Gesamtheit der Unternehmungen die Produktion der Volkswirtschaft darstellt, so ist die Gestalt der Kostenkurven mitsamt den sich aus ihr ergebenden

---

[1] Der etwas komplizierte Sachverhalt dieses Paragraphen bedarf zur genaueren Darstellung und Begründung der mathematischen Denkformen.

Gesetzen ein wichtiger Konstruktionsbestandteil des sozialökonomischen Systems. Auf dessen Bedeutung hinzuweisen ist die Aufgabe dieses Schlußkapitels.

Die Theorie der verbundenen Produktion, insbesondere Satz XXX, erlaubt uns, für alle Produktionszweige einer Volkswirtschaft das Bild der einfachen Produktion zugrunde zu legen. Alle Aussagen über die Volkswirtschaft, die auf der Annahme der einfachen Produktion beruhen, werden durch die Tatsache, daß auch verbundene Produktion existiert, nicht geändert: sie brauchen nach dem genannten Satz nur ergänzt zu werden. Diese Feststellung ermöglicht uns eine große Vereinfachung der vorzunehmenden Betrachtung: wir brauchen auf das Problem der verbundenen Produktion explizite nur dort einzugehen, wo die Produktionsrichtung unmittelbar zum Gegenstand der Theorie wird.

Die Komplexität des darzustellenden Gegenstandes zwingt zur Anwendung des isolierenden Verfahrens. Wir werden deshalb zunächst die Situation in der „statischen Wirtschaft" schildern, wobei wir den Begriff „statisch" ganz eng im Sinne Alfred Marshalls[1]) auslegen: die drei Produktionsfaktoren, das technische Niveau und der Bevölkerungs- und Bedürfnisstand werden hier als konstant angenommen. Zu Anfang der Betrachtung nehmen wir auch die Anzahl und Größe der Unternehmungen als gegeben an. Wir untersuchen dann die Umformungen, welche diese Wirtschaft durch die immanent wirkenden Kräfte erfährt, insbesondere die Veränderungen der Größe und Anzahl der Unternehmungen, die zur „stabilen Statik" führen. Den Abschluß des ersten Paragraphen bildet die Behandlung der immanenten Konzentrationstendenz. Ein Näherungsbild der dynamischen Wirtschaft wird im zweiten Paragraphen aus der statischen, durch Änderung der ursprünglich als konstant angenommenen Daten abgeleitet, wobei das Hauptgewicht auf die Änderung der Technik gelegt wird. Der dritte Paragraph ist dem Einfluß des technischen Fortschritts bei zunehmender Betriebsgröße gewidmet.

§ 1. Die Regulierung der statischen Wirtschaft.

I.

Wir haben im zweiten Kapitel gesehen, wie ein gegebenes allgemeines Preisniveau das Verhalten einer Unternehmung bestimmt. Es sind zunächst die Gesamtkosten- und die Ertragsfunktion der Unternehmung gegeben.[2]) Der Fundamentalsatz der erwerbswirtschaftlichen Produktion — in seiner Anwendung auf die Konkurrenzwirtschaft, also (XVI) — bestimmt die günstigste Produktionsgeschwindigkeit und somit das Angebot[3]) der Unternehmung, das durch einen wohlbestimmten Auf-

---

[1]) A. Marshall, l. c. S. 369 bis 371: „stationärer Staat". Cf. auch J. B. Clark, „Essentials of economic theorie", 1922, pag. 132: „Imaginary static society".

[2]) cf. Kap. 1, § 1, III.

[3]) cf. Kap. 2, § 4, II am Schluß.

wandsvektor realisiert wird.[1]) Dieser stellt nichts anderes dar, als die Nachfrage, welche bei dem angenommenen Preisniveau von der Unternehmung entfaltet wird. Somit bestimmt das Preisniveau Angebot und Nachfrage jeder Unternehmung. Wir fassen den Begriff „Preis" weit — im Sinne Cassels —, rechnen also Lohn, Zins und Rente dazu. Das Preisniveau bestimmt auch das „individuelle Gleichgewicht" eines jeden Konsumenten, somit dessen Angebot und Nachfrage. Summieren wir die nachgefragten Mengen eines jeden Gutes über die nachfragenden Unternehmungen und Individuen, so erhalten wir die Gesamtnachfrage dieses Gutes in der betrachteten Sozialwirtschaft. Die Gesamtnachfrage-mengen aller Güter fassen wir zum „Nachfragevektor" zusammen.[2]) In ganz analoger Weise erhalten wir den „Angebotsvektor". Beide sind vom jeweils angenommenen Preisniveau oder in mathematischer Terminologie vom jeweils angenommenen Preisvektor[3]) abhängig.

Bei einem beliebig angenommenen Preisvektor würden die zugehörigen Vektoren der Nachfrage und des Angebotes im allgemeinen verschieden sein. Die Konkurrenzgesetzlichkeit bewirkt jedoch — das dürfen wir als sichere Erkenntnis der gesamten modernen Wirtschaftstheorie ohne nähere Begründung behaupten — das Zustandekommen eines Preisniveaus, bei welchem Angebot und Nachfrage einander gleich sind. Aus der Gleichsetzung der Nachfrage- und Angebotsvektoren erhalten wir somit mathematisch die Bestimmung des Gleichgewichtspreisvektors. Diese Bestimmung ist allerdings nur bis auf einen Proportionalitätsfaktor eindeutig: alle Preisvektoren, die untereinander bis auf einen Proportionalitätsfaktor gleich sind, haben nämlich denselben Nachfrage- und denselben Angebotsvektor. Jener Proportionalitätsfaktor bestimmt die Kaufkraft der Geldeinheit. Er steht im Belieben der Geldschöpfung.

Die Gleichsetzung der beiden genannten Vektoren ist die Gleichgewichtsbedingung für unsere sozialökonomische Konstruktion. Dadurch sind neben den Preisrelationen in engerem Sinn alle Einkommen, alle im einzelnen nachgefragten und angebotenen Mengen, alle Gewinne und überhaupt die ganze ökonomische Lage jeder Unternehmung und jedes Individuums bestimmt. Diese Lage der einzelnen Unternehmung ist — bei unserer Annahme einer zufälligen Größe und Anzahl — sehr verschieden. Ein Teil produziert überhaupt nicht, sondern liegt still, weil die „Minimalpreise" dieser Unternehmungen über den Marktpreisen ihrer Produkte liegen; wir können solche Unternehmungen aus unserer Betrachtung ausschließen; sie haben für die Gesamtwirtschaft lediglich durch ihre Betriebsanlagen eine Bedeutung und sind hiebei den „aufzubrauchenden Vorräten" zuzurechnen. Ein anderer Teil produziert, befindet sich jedoch in Kostendegression und erleidet Verluste; die „Quasirente" (in Marshallschem Sinne), die sie erwirtschaften, reicht

---

[1]) cf. statt aller: Pareto, Manuel, chap. III, insbesondere Nr. 106 bis 133.

[2]) cf. Kap. 1, § 1, II.

[3]) cf. Kap. 1, § 2, IV.

zur Deckung der konstanten Kosten nicht aus. Ein dritter Teil endlich befindet sich in Kostenprogression und erzielt übernormale Gewinne; wegen einer besonders fortschrittlichen technischen Ausrüstung, besonders günstigen Lage, besonders tüchtigen Leitung usw. liegt der Optimalpreis dieser Unternehmungen unter dem Marktpreis; ihre „Quasirente" übersteigt die konstanten Kosten. Zwischen den beiden letztgenannten Gruppen können sich auch Unternehmungen befinden, deren günstigste Produktionsgeschwindigkeit zufällig mit ihrem Optimum zusammenfällt.

II.

Wir lassen nun die Voraussetzung einer von außen her bestimmten Anzahl und Größe der Unternehmungen fallen. D. h.: wir nehmen wohl als Ausgangslage eine bestimmte Verteilung der Unternehmungen an, unterstellen jedoch diese der Einwirkung der ökonomischen Kräfte, die unsere sozialökonomische Konstruktion aufweist. In diesem Falle können wir feststellen, daß das von uns soeben charakterisierte Gleichgewicht nur ein kurzfristiges — ein Gleichgewicht „in the short run" — ist. Im Augenblick, wo wir unser System von der „Fessel" einer unveränderlichen Verteilung des Produktionsapparates befreit haben, setzt ein Umschichtungsprozeß ein: erstens innerhalb eines jeden Produktionszweiges, zweitens zwischen den Produktionszweigen. Die bewegende Kraft ist das Gewinnstreben der einzelnen Wirtschaftsindividuen.

Innerhalb der einzelnen Produktionszweige beginnt jede Unternehmung danach zu streben, ihren Produktionsapparat zu verbessern, ihre „äußeren und inneren Vorteile" (Marshall) zu erhöhen, um so ihren Gewinn zu vergrößern. Man sucht den bei den gegebenen technischen und sozialen Verhältnissen bestmöglichen Produktionsapparat zu erzielen. Veraltete Maschinen werden durch neue ersetzt, neue Produktionsverfahren werden eingeschlagen, aus Unternehmungen mit ungünstigem Standort wird das Kapital herausgezogen und an günstiger gelegenen Stellen neu investiert; Produktionszweige mit geringerer Gewinnmöglichkeit werden verlassen und solche mit besseren Aussichten werden aufgesucht; Unternehmungen, die mit diesem Umstellungsvorgang nicht Schritt halten können, brechen zusammen. Den Kapitaltranspositionen schließen sich Wanderungen der Bevölkerung an. So entsteht ein weitreichender und komplizierter Umstellungsprozeß; er endet in der Errichtung eines dauernden Gleichgewichtes — eines Gleichgewichtes „in the long run".

Um die Haupttendenzen dieses Vorganges aufzuzeigen, wenden wir wieder das isolierende Verfahren an. Wir schließen zunächst eine Umschichtung von Boden, Arbeit und Kapital zwischen den Produktionszweigen aus und nehmen an, daß die einzelnen Produktionsfaktoren in sich homogen seien. Die Unternehmertätigkeit betrachten wir einfach als eine besondere Betätigungsform der Arbeit. In diesem Falle wird sich im Endresultat innerhalb eines jeden Produktionszweiges ein einheitlicher Satz für Rente, Zins und Lohn — auch Unternehmerlohn —

herausbilden. Andere Einkommensarten können hier nicht entstehen. Jeder Unternehmer verdient dasselbe, was jeder Arbeiter erhält. Alle Unternehmungen sind einander völlig angeglichen. Sie haben alle das höchstmögliche technische Niveau. Der Erlös läßt sich ganz in Rente, Zins und Lohn auflösen. Betrachtet man — was ohne weiteres als notwendig einleuchtet — diese drei Einkommensarten als Kostenbestandteile, so ergibt sich für jeden Produktionszweig, daß der Gesamterlös einer jeden Unternehmung ihren Gesamtkosten gleich ist. Wir können also den wichtigen Satz formulieren:

(XXXIX) Im statischen Gleichgewicht befindet sich jede Unternehmung im Betriebsoptimum.[1])

Lassen wir jetzt die Isolierung der einzelnen Produktionszweige fallen, so wird sich eine Umlagerung der Produktionsfaktoren von einem Zweig zum anderen feststellen lassen, bis überall der gleiche Satz für Rente, Zins und Lohn herrscht und das ganze vorhandene Angebot an Produktionsfaktoren produktiv verwertet ist. Das für den einzelnen Produktionszweig Gesagte gilt nun gleichmäßig für die ganze Sozialwirtschaft.

Das allgemeine Preisniveau bestimmt jetzt die günstigste Struktur eines Betriebes oder, wie wir uns etwas ungenauer aber geläufiger ausdrücken können, die Betriebsgröße; diese können wir einerseits durch die aufgewandte Menge an Boden, Kapital und Arbeit, andererseits durch die zugehörige optimale Produktionsgeschwindigkeit charakterisieren. Das Preisniveau bestimmt ferner die Nachfrage nach dem betreffenden Produkt. Die in jeder Zeiteinheit nachgefragte Menge dividiert durch die optimale Produktionsgeschwindigkeit ergibt die Anzahl der Unternehmungen; auch diese hängt somit vom Preisniveau ab. Da die Anzahl immer eine ganze Zahl ist, so gelten unsere Aussagen nur dann genau, wenn die nachgefragte Menge gerade ein ganzzahliges Vielfaches der optimalen Produktionsgeschwindigkeit ist. Nehmen wir diese als verhältnismäßig sehr klein an — was wir auch als notwendige Voraussetzung für die „freie Konkurrenz" tun müssen — so können wir die Ungenauigkeit einer Verallgemeinerung mit in Kauf nehmen und unsere Aussagen ohne Einschränkung machen. Durch die Anzahl der Unternehmungen, die wir uns einbetrieblich vorstellen und die alle im Betriebsoptimum produzieren, ist der Bedarf eines jeden Produktionszweiges an Arbeit, Kapital und Boden bestimmt. Er muß sich mit dem vorhandenen Angebot an Produktionsfaktoren decken. Tut er das nicht, so werden die Preise der knappen Produktionsfaktoren steigen, der reichlich vorhandenen sinken, bis das Gleichgewicht erreicht ist.

Lassen wir schließlich auch die Voraussetzungen der Homogenität der Produktionsmittel fallen: dann erscheinen Arbeit, Kapital und Boden als Gruppen von Produktionsfaktoren, die in sich qualitativ abgestuft sind. Das Gesamtbild der Wirtschaft wird komplizierter. Die Betriebe eines Produktionszweiges sind nicht mehr untereinander gleich,

---

[1]) cf. Marshall, l. c. Buch V, Kap. 11, § 6.

sondern unterscheiden sich nach Standort, Qualität der Leitung usw. Diese Unterschiede wirken sich dadurch aus, daß echte Renten in mannigfacher Abstufung vorhanden sind, die den bevorzugten Unternehmungen zufallen; sie ergeben sich aus den Preisunterschieden der qualitativ verschiedenen Produktionsfaktoren und müssen innerhalb unseres Systems als Kosten betrachtet werden, da jeder einzelne Produktionsfaktor Gegenstand der Nachfrage ist.[1]) Unser formale Satz (XXXIX) bleibt somit erhalten.

Dieser Satz führt auf eine interessante zurechnungstheoretische Konsequenz: jede Unternehmung verwendet von jedem Produktionsfaktor soviel, daß die Grenzproduktivität dieses Faktors seinem Preise gleich ist. Faßt man den Ertrag der Unternehmung als Funktion des Aufwandsvektors auf, so kann man auch sagen: jede Unternehmung realisiert einen solchen Aufwandsvektor, daß der Gradient seiner Ertragsfunktion dem Preisvektor des Aufwandes gleich ist. Da außerdem im Betriebsoptimum die Gesamtkosten dem Gesamtertrage gleich sind, so ergibt sich für die gesamte Sozialwirtschaft, daß im Gleichgewicht eine vollständige Zurechnung des Sozialeinkommens auf die Produktionsfaktoren nach dem Prinzip der Grenzproduktivität zustandekommt.[2])

III.

Wir haben nun das Bild einer statischen Konkurrenzwirtschaft mit einer immanent bestimmten Betriebsanzahl und -größe erhalten. Wir haben gesehen, wie das erwerbswirtschaftliche Prinzip jene Bestimmung herbeiführt. Wir hielten aber daran fest, daß jeder Betrieb eine selbständige Unternehmung darstellen sollte. Auch diese Voraussetzung lassen wir jetzt fallen und fragen uns, ob im System der statischen Konkurrenzwirtschaft Kräfte vorhanden sind, die vom Prinzip der größtmöglichen Dezentralisation fort- und auf eine Konzentration hinführen.

Eine solche Kraft ist tatsächlich vorhanden. Sie wirkt primär auf eine horizontale und sekundär auf eine vertikale Konzentration der Betriebe. Aber diese Kraft ist kein im System der freien Konkurrenz enthaltener Zwang, sondern nur eine Tendenz, eine „Lockung". Es zeigt sich nämlich zunächst, daß die Unternehmungen eines Produktionszweiges einen größeren Gewinn zu realisieren imstande sind, wenn sie sich zu einem Monopol zusammenschließen. Wir wissen auf Grund des Satzes (XXI), daß der Monopolpreis stets größer ist als die Grenzkosten, während der Konkurrenzpreis ihnen gleich ist. Der Monopolist könnte aber sehr wohl auch das konkurrenzwirtschaftlich günstigste Produktionsniveau realisieren. Wenn er dies nicht tut, so nur deshalb, weil er durch ein anderes Produktionsniveau einen höheren Gewinn erzielen kann.

---

[1]) cf. hiezu statt aller: Walras, Eléments d'économie politique pure, pag. 175 ff.: „Des capitaux et des revenues".

[2]) cf. Anhang A, VII. Ebenso: Moore, Synthetics economics, 1929, pag. 145. Im Gegensatz hiezu steht Aftalion, Les trois notion de la productivité et les revenues. Rev. d'Ec. Pol. 1911. Mayer, Art. „Zurechnung" in: H. d. St., insbesondere I, 2, c.

Somit folgt aus dem erwerbswirtschaftlichen Prinzip eine Tendenz zum monopolistischen Zusammenschluß innerhalb der Produktionszweige. Diese Tendenz ist kein „systematischer Zwang": auch die Konkurrenzwirtschaft funktioniert. Die Monopolisierungstendenz ist lediglich eine Nebenwirkung des erwerbswirtschaftlichen Prinzips. Diese Konzentrationskraft stößt auf innere Gegenkräfte, die desto stärker sind, je größer die Anzahl der Unternehmungen eines Produktionszweiges ist. Sie braucht sich keineswegs durchzusetzen und kann somit zunächst vernachlässigt werden, zumal die wichtigsten Konzentrationskräfte erst in der dynamischen Wirtschaft auftreten. Ferner ergibt sich eine dezentralisierende Kraft aus der bekannten Tatsache, daß jedem Monopol die Gefahr der Außenseiter drohen kann. Sobald ein Produktionszweig monopolisiert ist, gewähren seine Preise gegenüber anderen Produktionszweigen erhöhte Gewinnmöglichkeiten und locken in verstärktem Maße Unternehmer in den monopolisierten Produktionszweig herüber.[1]

Eine aus dem System resultierende Tendenz zur vertikalen Konzentration besteht zunächst nicht. Wir haben gesehen (Satz XXXVII), daß der Verrechnungspreis einer marktgängigen Ware dem konkurrenzwirtschaftlichen Marktpreise gleich ist und daß somit aus einer vertikalen Kombination zweier Betriebe innerhalb der Konkurrenzwirtschaft kein „systematischer" Gewinn entsteht. Ist jedoch ein Produktionszweig monopolisiert, so ergibt sich auf Grund des Satzes (XXXVIII) eine Tendenz zur Angliederung von weiterverarbeitenden Betrieben. Aus einer horizontalen Konzentration folgt als sekundäre Erscheinung die vertikale Kombination. Dieser stehen infolgedessen die gleichen Hindernisse entgegen, wie der horizontalen Konzentration. Wir können also sagen: Die Organisationsform der statischen Konkurrenzwirtschaft ist verhältnismäßig stabil; sie enthält keine aus dem System folgenden Kräfte, die sie zu einer grundsätzlichen Umformung zwingen.

§ 2. Die allgemeinen Wirkungen dynamischer Veränderungen.

Was unsere statische Wirtschaft besonders kennzeichnet, ist die Konstanz der Bevölkerung, der Produktionsfaktoren und des technischen Niveaus. Durch „Lösung" dieser drei „Fesseln" erhalten wir eine Approximation an die dynamische Wirtschaft.[2] Wir wenden wieder das isolierende Verfahren an, indem wir einmal die Konstanz der Bevölkerung, dann die Konstanz der einzelnen Produktionsfaktoren und schließlich die Konstanz der Technik aufheben.

---

[1] cf. Barone, l. c. § 158: „Potentielle Konkurrenz".

[2] J. B. Clark („Essentials of economic theorie", 1922, pag. 203 bis 206) unterscheidet fünf Typen dynamischer Einflüsse: (1) Bevölkerungszunahme, (2) Zunahme des Kapitals, (3) Änderung der Produktionsmethode, (4) Änderung der Unternehmungsorganisation, (5) Änderung des Geschmacks. Wir lassen bei unserer Betrachtung (5) unberücksichtigt; (3) und (4) fassen wir unter dem Begriff „Änderung des technischen Niveaus" zusammen; (1) teilen wir in „Änderung der Bevölkerung", die wir zunächst nur als Änderung der Nachfrageseite ansehen, und in „Änderung der verfügbaren Abeit".

I.

Eine Änderung der Bevölkerungsgröße — ceteris paribus — kann innerhalb unseres Aufgabenkreises schnell erledigt werden: sie wird lediglich eine Verschiebung der Zusammensetzung der produzierten Güter haben. Eine Bevölkerungsvermehrung bedeutet eine relative Verknappung der Versorgung. Somit werden die Güter unelastischer[1]) Nachfrage in größerer, die Güter elastischer[2]) Nachfrage in geringerer Menge produziert werden als bisher. Eine Bevölkerungsverringerung hat genau die umgekehrte Wirkung. Es ist klar, daß sich die beiden Tendenzen nur „in the long run" voll auswirken können, da der Abbau vorhandener Produktionsanlagen, der in jedem Falle notwendig sein wird, Zeit erfordert.

II.

Unter den Produktionsfaktoren können wir den Boden konstant lassen. Einmal genügt es, zwei Produktionsfaktoren zu variieren, um alle wichtigen Konsequenzen ziehen zu können; anderseits muß man für eine gegebene Volkswirtschaft den Boden im wesentlichen als eine unveränderliche Größe ansehen. Wir betrachten also nur Variationen von Kapital und Arbeit.

Jede Änderung des vorhandenen Angebotes an Kapital oder an Arbeit verschiebt das Mengenverhältnis der Produktionsfaktoren, woraus eine Strukturänderung des optimalen Betriebes resultiert. Es entsteht in jeder Unternehmung ein Umschichtungsprozeß, der sich allerdings nur „in the long run" auswirken kann. Gleichzeitig ändert sich — bei Annahme einer konstanten Bevölkerung — die Versorgungslage der Volkswirtschaft, was zu einem Umschichtungsprozeß zwischen den Produktionszweigen führt, der von der Elastizität der Nachfrage nach den einzelnen Gütern abhängt.

1. Eine Vermehrung von Kapital ergibt für jede Unternehmung die Möglichkeit, sich stärker mit Kapital zu versorgen, als vorher. Auf kurze Sicht — in the short run — bedeutet dies zunächst noch keine Änderung der Organisation der indirekten Produktionsmittel, sondern nur eine Vergrößerung der kurzfristigen Kapitalanlage. Mit der Zeit wird aber in jeder Unternehmung eine allgemeine „Rationalisierung" im Sinne einer kapitalintensiveren Produktionsweise durchgeführt. Die endgültige Produktionsmittelkombination ermöglicht eine reichlichere Versorgung der Volkswirtschaft mit Gütern, als die vorläufige, die wiederum gegenüber dem Zustand vor dem Anwachsen des verfügbaren Kapitals eine Produktionssteigerung bedeutet.

Das besondere Charakteristikum jeder Unternehmung ist — wie bereits oben näher ausgeführt — die Tatsache, daß sie im langfristigen Gleichgewicht das Betriebsoptimum realisiert. Hier gilt aber für jeden

---

[1]) Elastizität < 1.
[2]) Elastizität > 1.

Produktionsfaktor — was leicht gezeigt werden kann[1]) — das Gesetz des abnehmenden Ertrages, d. h. die Grenzproduktivitäten nehmen mit wachsender Menge des zugehörigen Produktionsfaktors ab. Das gilt sowohl „in the long run", als auch — erst recht — „in the short run". Es ist jedoch anderseits anzunehmen, daß die Grenzproduktivität eines Faktors im allgemeinen mit wachsender Menge eines anderen Produktionsfaktors zunimmt,[2]) und zwar ebenfalls „in the short run" und „in the long run", wobei im letzteren Falle eine stärkere Zunahme stattfindet. Hieraus folgt für unseren Fall, daß jede Unternehmung zunächst unter stärkerer Verwendung von Kapital in die Progression gelangt. Die Grenzproduktivität des Kapitals sinkt, die der Arbeit steigt. Insgesamt ergibt sich ein Sinken des Realzinses und ein Steigen des Reallohnes. Die Unternehmung macht Sondergewinne. Auf die Dauer — in the long run — gelangt jede Unternehmung durch eine allgemeine Kapitalintensivierung in ein neues Betriebsoptimum bei gleichzeitiger Verschärfung der Konkurrenz. Die Grenzproduktivität des Kapitals (und somit der Realzins) steigt wieder, wenn auch nicht auf die ursprüngliche Höhe. Die Grenzproduktivität der Arbeit — und somit der Reallohn — steigt im allgemeinen auch. Der Sondergewinn wird absorbiert. Die reichlichere Versorgungsmöglichkeit der gesamten Volkswirtschaft bedingt eine Umschichtung zwischen den einzelnen Produktionszweigen, indem die Güter elastischer Nachfrage in verhältnismäßig größerer Menge hergestellt werden, als die Güter unelastischer Nachfrage. Absolut genommen werden alle Güterarten in größerer Menge erzeugt als vorher. Ob jedoch die Anzahl der Unternehmungen der einzelnen Produktionszweige größer oder kleiner geworden ist, läßt sich nicht entscheiden, weil man ohne nähere Kenntnis der einzelnen Produktionsfunktionen nicht feststellen kann, ob die neuen optimalen Ausbringungen größer oder kleiner sind als die alten. Der relative Anteil des Sozialprodukts, der im konkurrenzwirtschaftlichen Verteilungsprozeß auf die Arbeit entfällt, ist gewachsen. Ob das Realeinkommen der Kapitalisten absolut gewachsen oder gesunken ist, hängt von der Elastizität der langfristigen Kapitalnachfrage der Volkswirtschaft ab, die wieder vom technischen Niveau bestimmt wird.

2. Eine Vermehrung der verfügbaren Arbeitskraft zeigt — mutatis mutandis — ganz analoge Erscheinungen, wie die Vergrößerung des Kapitals. Wir können also unmittelbar die Ergebnisse zusammenstellen. Es entsteht eine Umschichtung der Produktionsmittel von den Produktionszweigen unelastischen Bedarfs zu denen elastischer Nachfrage. Auf kurze Sicht verlassen die einzelnen Unternehmungen ihr Betriebsoptimum und gelangen in die Kostenprogression. Sie machen Sondergewinne, besonders die Unternehmungen, die für eine elastische Nachfrage produ-

---

[1]) Folgt aus der zweiten Minimumbedingung für die durchschnittlichen Kosten.

[2]) Der Grund für diese Tatsache liegt darin, daß die komplementäre Beziehung zwischen den Produktionsfaktoren stärker ist, als die substitutive. Eine nähere Untersuchung würde hier zu weit führen. Cf. im übrigen S. 17/18, Anm.

zieren. Der Realzins steigt, der Reallohn sinkt. Auf die Dauer rationalisieren die Unternehmungen in Richtung einer arbeitsintensiveren Produktionsweise, wobei sie auch ihre Betriebsanlagen umformen. Sie gelangen hiebei durch den Konkurrenzdruck in ein neues Betriebsoptimum. Die Sondergewinne werden absorbiert. Der Reallohn steigt, wenn auch nicht auf den Ausgangsstand. Der Realzins erfährt wahrscheinlich eine weitere Zunahme. Die Versorgung der Volkswirtschaft ist insgesamt reichlicher geworden.[1]) Wieweit die Zunahme des Sozialproduktes auch der Arbeit zugute kommt und wie sich die Anzahl der Betriebe ändert, kann ohne nähere Unterlagen nicht entschieden werden.

3. Eine Abnahme des vorhandenen Kapitals wirkt ähnlich, wie eine Zunahme der verfügbaren Arbeit, jedoch mit folgenden Modifikationen. Die einzelnen Unternehmungen gelangen zunächst in Kostendegression und erleiden Verluste. Die Gesamtversorgung der Volkswirtschaft wird knapper. Es entsteht eine Umschichtung in der Richtung auf eine verhältnismäßig reichlichere Befriedigung der unelastischen Bedürfnisse. Absolut genommen ist die Versorgung der Volkswirtschaft auch nach Erledigung der langfristigen Umformung knapper geworden. Ein wesentlicher Unterschied gegenüber der Zunahme der Arbeit besteht darin, daß der Zins zwar zunächst steigt, in der langfristigen Umschichtung aber wahrscheinlich sinkt, wenn auch nicht auf den Ausgangsstand.

4. Eine Abnahme der verfügbaren Arbeitskraft läßt sich auf Grund der bisherigen Ausführungen in ihren Wirkungen leicht abschätzen.[2])

---

[1]) Der Sondergewinn (bzw. Sonderverlust) entsteht immer dann, wenn die Unternehmung aus ihrem Betriebsoptimum in Kostenprogression (bzw. -degression) gelangt. Hier ist das tatsächliche Einkommen des Unternehmers größer (bzw. kleiner) als sein „langfristiges Normaleinkommen" (Marshall). Der Sondergewinn ist ein Residuum; das Prinzip der Grenzproduktivität führt in diesem Falle keine vollständige Zurechnung herbei. Die Absorption des Sondergewinnes bedeutet nicht etwa ein Sinken des Unternehmereinkommens, sondern nur eine Angleichung an die langfristige Normalhöhe (die durch die Rationalisierung steigt, unter Umständen sogar um einen den Sondergewinn übersteigenden Betrag).

[2]) Zwei Bemerkungen zur Frage der Verallgemeinerung der bisherigen Ergebnisse dieses Paragraphen seien angefügt:

a) Wir haben unsere Argumentation im wesentlichen so durchgeführt, als gäbe es nur die beiden Produktionsfaktoren Kapital und Arbeit. Die Ergebnisse lassen sich ohne Schwierigkeit verallgemeinern, wenn man die Produktionsfaktoren Boden und Unternehmerleistung in die Betrachtung einbezieht. Auch die kompliziertere, aber der Realität am nächsten kommende Annahme der inhomogenen Zusammensetzung der einzelnen Produktionsfaktoren führt zu grundsätzlich gleichen Überlegungen. Wir können jedoch diesen Gedanken — der eine Spezialuntersuchung erfordern würde — nicht weiter verfolgen.

b) In unserer theoretischen Konzeption sind alle vorkommenden Funktionen mathematisch gesprochen „Ortsfunktionen". Deshalb können wir, wenn es sich für uns nur um den Vergleich eines Anfangs- und eines Endzustandes handelt, das isolierende Verfahren anwenden und die Wirkungen der einzelnen Änderungen nacheinander studieren. Damit wollen wir uns

III.

1. Bisher befaßten wir uns mit den Wirkungen quantitativer Änderungen, mathematisch gesprochen: mit den Wirkungen der Änderungen von unabhängigen Variablen. Die Änderung der technischen Situation erscheint demgegenüber als ein qualitatives Problem, das allerdings für bestimmte Zwecke quantifizierbar ist. Wir befassen uns hier nicht mehr mit Änderungen von Variablen, sondern mit Änderungen des Funktionalzusammenhanges. Die technische Entwicklung ändert die Produktionsfunktion selbst ab. Mit den Wirkungen, die daraus resultieren, haben wir uns nun zu befassen.

Der technische Fortschritt[1]) ist, wirtschaftlich gesehen, eine Verbesserung der Versorgungsmöglichkeiten der Volkswirtschaft. Er bewirkt, daß man gegenüber der Ausgangslage dieselbe Gütermenge mit geringerem oder eine größere Menge mit dem gleichen Aufwande von Produktionsfaktoren erzielen kann. Er bedeutet also eine allgemeine oder partielle Verschiebung der Produktionsfunktionen nach oben. Seine allgemeine Wirkung ist eine Vermehrung der Produktion und zugleich eine Umschichtung in Richtung auf eine verhältnismäßig stärkere Belieferung des elastischeren Bedarfes.

Der technische Fortschritt kann die Grenzproduktivitäten in gleichem Verhältnis steigern. Dann ändert sich am konkurrenzwirtschaftlichen Verteilungsschlüssel des Sozialproduktes nichts. Im allgemeinen trifft aber der Fortschritt nur bestimmte Produktionszweige und ändert die Ergiebigkeit der Produktionsfaktoren in verschiedenem Grade. Dadurch entstehen Verschiebungen, die wir jetzt im einzelnen betrachten wollen.

Wenn nur ein Produktionszweig vom technischen Fortschritt betroffen wird, so bedeutet das, daß mit dem bisherigen Aufwand an Arbeit, Kapital und Boden eine größere Produktionsmenge erzeugt werden kann. Die Verbilligung des Produktes ist hier umgekehrt proportional der Produktsvermehrung. Die endgültige Auswirkung ist je nach der Elastizität der Nachfrage nach dem betreffenden Produkt verschieden. Ist die Nachfrage unelastisch, so wandert ein Teil der Produktionsmittel vom betreffenden Produktionszweig ab. Die Versorgung mit anderen Gütern wird reichlicher. Ist die Nachfrageelastizität gleich 1, so erfolgt überhaupt keine Verschiebung der Produktionsfaktoren. Ist die Nach-

---

hier auch begnügen. Eine Betrachtung des „Weges" würde zu weit führen. Wir können z. B. das Endergebnis einer gleichzeitigen Bevölkerungs- und Arbeitsvermehrung erhalten, indem wir zunächst eine Arbeits- und dann eine Bevölkerungszunahme betrachten. Die Zwischenstadien unserer Analyse würden allerdings von der Realität abweichen. Aber eine genauere Betrachtung müßte schon den Gegenstand einer besonderen Abhandlung bilden.

[1]) Der Begriff „technischer Fortschritt" soll im folgenden ganz weit verstanden werden. Als „technischer Fortschritt" wird jede Verbesserung der Produktionsmethode verstanden. Es gehören also dazu sowohl Entdeckungen und Erfindungen auf naturwissenschaftlich-technischem Gebiet als auch Verbesserung der Organisation, des Standorts, des Absatzapparates usw.

frage elastisch, so zieht der rationalisierte Produktionszweig neue Produktionsmittel an sich, die anderen Produktionszweigen verloren gehen. Die Versorgung mit anderen Gütern wird knapper.

Die Veränderungen, die der technische Fortschritt im Zusammenwirken der Produktionsfaktoren verursacht, bewirken[1]) innerhalb der gesamten Sozialwirtschaft keine Veränderung der Proportion, in der Arbeit, Kapital und Boden insgesamt miteinander kombiniert werden; denn in der freien Konkurrenzwirtschaft ist ein Brachliegen von Produktionsfaktoren nur in Grenzfällen denkbar. Aus jenen Veränderungen folgt jedoch eine Abänderung der Grenzproduktivitäten und somit eine Abänderung des sozialökonomischen Verteilungsschlüssels.

Man kann jede technische Verbesserung als Zunahme von Produktionsfaktoren deuten. Dadurch können die Wirkungen auf Grund früherer Darlegungen unmittelbar abgeschätzt werden. Die Erfindung arbeitsparender Maschinen bedeutet z. B., daß das gleiche Produkt mit geringerem Arbeitsaufwand erzeugt wird. Dadurch ist die Arbeit im Vergleich zum Kapital und zum Boden reichlicher geworden. Die bereits besprochenen Wirkungen einer Arbeiterzunahme treten ein: Lohndruck, Umschichtungen usw. Die Einführung einer neuen Bodenbewirtschaftungsweise, z. B. einer verbesserten Fruchtwechselfolge, wirkt wie eine Vermehrung des Bodens. Die Einführung verbilligter Maschinen gleicher Ergiebigkeit, z. B. billigerer Kraftmaschinen, ist mit einer Vermehrung von Kapital gleichbedeutend; die Wirkungen sind aus den Darlegungen weiter oben ersichtlich und brauchen hier nicht noch einmal ausgeführt zu werden. Wir sehen, daß die eben behandelte Bedeutung des technischen Fortschritts kein neues Problem darstellt.

2. Desto wichtiger ist für uns die Frage nach dem Einfluß des technischen Fortschritts auf die Betriebsgröße. Durch die Änderung der Produktionsfunktion verschiebt sich der geometrische Ort der Punkte einer vollständigen Zurechnung, die, wie gezeigt, eine wesentliche Eigenschaft des Betriebsoptimums ist. Dadurch verlagert sich das Optimum jeder Produktionsrichtung; es entsteht so eine wesentlich neue Situation.

Der technische Fortschritt kann grundsätzlich zwei Änderungswirkungen auf die optimale Betriebsgröße ausüben. Er kann sie verkleinern oder vergrößern, d. h. die optimale Ausbringung kann kleiner oder größer werden. Wird das Betriebsoptimum kleiner, so entsteht eine Tendenz zur Neugründung von Betrieben, die gegenüber den alten Unternehmungen besonders konkurrenzfähig sind. Hiedurch entsteht zugleich für die alten Betriebe ein Zwang, die Rationalisierung durchzuführen und sich auf die verringerte Betriebsgröße umzustellen. Im Enderfolg wird die Rationalisierung überall durchgeführt sein. Da die optimale Ausbringung gesunken, die Gesamterzeugung des betreffenden Produktionszweiges dagegen gestiegen ist, so hat sich im Endeffekt die

---

[1]) Wenn man zur Vereinfachung mit Cassel ein von den Preisen unabhängiges Angebot an Produktionsfaktoren annimmt.

Anzahl der Betriebe vergrößert. Die erwähnte Tendenz zur Neugründung von Unternehmungen hat also nicht nur die Funktion, den Rationalisierungszwang — der an sich schon durch das erwerbswirtschaftliche Gewinnstreben gegeben ist — zu verschärfen, sondern auch die Anzahl der vorhandenen Betriebe entsprechend zu vergrößern. Würde man etwa annehmen, daß zunächst keine Neugründungen stattfänden, so müßten nachträglich — nach erfolgter Rationalisierung der alten Betriebe — doch noch neue Betriebe hinzugefügt werden. Wir können also feststellen: ein technischer Fortschritt, der mit einer Verminderung der Betriebsgröße verknüpft ist, wirkt sich in einem gegebenen Produktionszweig durch einen ziemlich gleichmäßigen Prozeß aus. Die Unternehmungen weisen im ersten Stadium teils Sondergewinne, teils Verluste auf, die sich schließlich, in dem Maße, wie die Rationalisierung vollendet wird, ausgleichen. Eine Vernichtung von Betrieben infolge des technischen Fortschrittes ergibt sich im allgemeinen nur dann, wenn die Neugründungen in größerer Anzahl, als notwendig, auftreten. Im großen und ganzen bewirkt in dem eben betrachteten Falle die technische Neuerung einen stetigen Aufschwung.

Wesentlich anders liegen die Dinge, wenn der technische Fortschritt mit einer Vergrößerung des Betriebsoptimums verbunden ist. Auch hier bewirkt die technische Neuerung eine Tendenz zur Rationalisierung der bestehenden Betriebe, die durch eine Tendenz zur Neugründung moderner Betriebe verstärkt wird. Im Endeffekt ergibt sich aber, wenn die Vergrößerung des Betriebsoptimums nicht unbeträchtlich ist, eine Verringerung der Zahl der Betriebe des betreffenden Produktionszweiges. Neugründung und Umstellung von Betrieben entsteht zunächst auf Grund eines Aufschwunges. Die rationellere Produktionsmöglichkeit führt zu Sondergewinnen und bewirkt ein Wettrennen der Unternehmungen. Das durch erhöhtes Angebot hervorgerufene Sinken der Preise absorbiert schließlich die Gewinne. Die Rationalisierung wird jedoch trotzdem bis zum Ende durchgeführt, weil sie wenigstens zu einem Minimum des Verlustes führt. Hier entsteht aber der Zwang zur Ausscheidung von Betrieben, der solange anhält, bis die richtige Zahl erreicht ist. Das Preisniveau sinkt derart, daß die schwächsten Betriebe schließlich stillgelegt werden müssen und aus dem Produktionsprozeß ausscheiden. Der technische Fortschritt bewirkt also bei Vergrößerung des Betriebsoptimums zunächst einen Aufschwung, der den Betrieb erweitert und dann einen Abschwung, der die Anzahl der Betriebe einschränkt.

Das ist in großen Zügen die Wirkung des technischen Fortschrittes auf Betriebsgröße und Betriebsanzahl. Eine eingehendere Untersuchung liegt außerhalb des Rahmens dieser Arbeit. Wohl aber interessiert uns durchaus eine aus der eben behandelten Aufgabenstellung resultierende Frage, nämlich die Wirkung des Wachstums der optimalen Betriebsgröße auf die sozialwirtschaftliche Organisation der Produktion, soweit sich diese Verknüpfung auf Grund der formalen Kostengesetze ergibt. Dieser Frage ist der Schlußparagraph gewidmet.

§ 3. Der Einfluß des technischen Fortschritts auf die Wirtschaftsform.

Während die Abnahme der optimalen Betriebsgröße die konkurrenzwirtschaftliche Organisation der Produktion nicht berührt, ist es bei wachsendem Betriebsoptimum anders. Da die Zunahme des Betriebsoptimums eine charakteristische Eigenschaft unserer bisherigen wirtschaftlichen Entwicklung ist, so ist eine genauere Behandlung der mit ihr verbundenen Umformungen des Produktionsapparates der Sozialwirtschaft angebracht. Eine kurze theoretische Voruntersuchung über das sogenannte „Polypol" sei der eigentlichen Behandlung des Problems vorausgeschickt.

I.

Unserer Betrachtung der Konkurrenzwirtschaft liegen, genau genommen, folgende Voraussetzungen zugrunde:

1. Die Ausbringung des einzelnen Betriebes ist gegenüber der Gesamtausbringung des betreffenden Produktionszweiges praktisch unendlich klein.

2. Die Anzahl der miteinander konkurrierenden Unternehmungen ist dementsprechend praktisch unendlich groß.

3. Die Preisfunktion ist somit für jeden Betrieb praktisch eine Konstante.

Diese Voraussetzungen treffen für die Wirklichkeit, genau genommen, nicht zu. Aber sie stellen die tatsächlichen Verhältnisse mit einer desto größeren Genauigkeit dar, je größer die Anzahl der Betriebe und somit der Unternehmungen ist. Gleichzeitig ermöglichen sie eine große Vereinfachung der theoretischen Untersuchung. Wir können nun aber die Frage stellen: Wie gestaltet sich die erwerbswirtschaftliche Regulierung der Produktion, wenn die Anzahl der Betriebe gegeben und nicht besonders groß ist? Die allgemeine Antwort auf diese Frage läßt sich wegen der Kompliziertheit der auftretenden Beziehungen und Verknüpfungen nur auf mathematischem Wege geben. Wir können uns jedoch zunächst mit der Beantwortung der Frage im Falle von nur zwei Konkurrenten, im Falle des sogenannten „Duopols", begnügen. Hier können wir uns auf bereits geleistete theoretische Arbeit beziehen und auf eigene Deduktion verzichten.

Es handelt sich um das auf S. 49, Anm. 1, erwähnte „Zwischenstadium". Statt aller sei Kurt Sting genannt, der in seinem dort zitierten Aufsatz das Problem einfach und richtig, wenn auch unseres Erachtens mit unzutreffender Gewichtsverteilung behandelt. Der Grundgedanke ist folgender: Es seien A und B zwei Produzenten desselben Gutes. Wir nehmen zunächst an, daß jeder das Angebot des anderen als eine gegebene Größe behandelt, mit der er sich einfach abfinden muß. A wird dann einer jeden Angebotsmenge von B eine eigene Angebotsmenge zuordnen, bei der er den größtmöglichen Gewinn macht; dasselbe gilt für B. Für jeden ergibt sich so sein Anbot als Funktion des Angebotes des anderen. Betrachten wir die Angebotsmengen von A und B als die

beiden Unbekannten, so erhalten wir in jenen „Reaktionsfunktionen"
die beiden Gleichungen, aus denen wir die beiden Unbekannten eindeutig
bestimmen können. Somit ist das ökonomische Gleichgewicht — von
Sting als die „polypolitische Preisbildung" bezeichnet — scheinbar gegeben. Das ist aber tatsächlich nicht der Fall. Nehmen wir nämlich
eine vollständige „Markttransparenz" an, so muß z. B. bei A ein
„hyperpolitisches" Streben (im Sinne Stings) entstehen: A wird nicht
seine eigene Funktion seinem Angebote zugrundelegen, sondern die
Reaktionsfunktion von B, weil er dann größere Gewinnmöglichkeiten
hat. Da er weiß, daß B sein (A's) Angebot als eine gegebene Größe
ansieht, so wird er von allen Kombinationen, die für B auf Grund
dessen (B's) Reaktionsfunktion in Frage kommen, diejenige aussuchen,
welche für ihn (für A) am günstigsten ist. Er wird dann aber im allgemeinen ein anderes Angebot realisieren, als es seiner eigenen Reaktionsfunktion entsprechen würde. Nun sucht B ebenso zu verfahren. Das
heißt, jeder sucht sein Angebot dem anderen als unabänderlich aufzuoktroyieren. In einer solchen Situation ist ein Gleichgewicht unmöglich.
Jeder sucht den anderen sozusagen auf dessen Reaktionsfunktion
zurückzudrängen; es entsteht ein Konkurrenzkampf, der mit der Unter-
werfung oder Vernichtung eines Gegners enden muß, wenn keine Einigung
zustandekommt. Wir sehen also: ein Duopol führt zu keinem mechanischen Gleichgewicht.[1])

Unter den von Cournot (implizite gemachten) Voraussetzungen ist
ein Gleichgewicht möglich; dann verhält sich jede der beiden Unternehmungen so, als ob sie das Angebot der anderen nicht beeinflussen
könnte; sie nimmt es als gegeben hin. Wir wollen diese Situation als
das „Cournotsche Duopol" bezeichnen. Es ist ferner ein Gleichgewicht mög-

---

[1]) Dieses Problem hat eine interessante Diskussion innerhalb der Wissenschaft ins Leben gerufen. Cournot hat es als erster behandelt und still-
schweigend die Voraussetzungen gemacht, daß jeder der beiden Anbieter
das jeweilige Angebot des anderen als eine gegebene Größe hinnimmt; mit
der anderen Möglichkeit hat er sich nicht befaßt. Hier setzte die Kritik
von Bertrand, Edgeworth, Marshall und Pareto an. Sie führte zu
einer ziemlich allgemeinen Ablehnung der Cournotschen Beweisführung,
ohne daß allerdings die Frage der Voraussetzungen mit genügender Deut-
lichkeit geprüft worden wäre. Wicksell und Schumpeter werden dieser
Frage bei ihrer Bejahung der Cournotschen Lösung ebenfalls nicht ganz
gerecht, desgleichen Schneider. Amoroso sieht zwar die Verschiedenheit
der Prämissen, vernachlässigt aber die Möglichkeit und Bedeutung des zuletzt
charakterisierten Konkurrenzkampfes. In recht befriedigender Weise behandelt neuerdings Kurt Sting das ganze Problem. Er arbeitet die Voraussetzungen klar heraus. Allerdings dürfte er die praktische Bedeutung der
„polypolitischen" Preisbildung, also des Cournotschen Duopols überschät-
zen, die Realität der „Hyperpolitik" unterschätzen. Zur Literatur:
cf. den auf S. 49, Anm. 1, zitierten Aufsatz von Kurt Sting, der eine gute
Literaturübersicht bringt. Neuerdings: Erich Schneider, Reine Theorie
monopolistischer Wirtschaftsformen, Tübingen 1932. (Beiträge zur ökonomischen Theorie: 4.)

lich, wenn die eine der beiden Unternehmungen, z. Beisp. A, das Angebot der anderen (B) als gegeben hinnimmt, während sich die Unternehmung B „hyperpolitisch" verhält, d. h. die Nachgiebigkeit von A ausnützt und ein Angebot realisiert, das ihr unter den gegebenen Umständen den höchstmöglichen Gewinn verschafft. Ein Gleichgewicht ist jedoch unmöglich, wenn sich beide Unternehmungen „hyperpolitisch" verhalten, eine Situation, die wir als das „Paretosche Duopol" bezeichnen wollen.

Gäbe es nur die beiden Möglichkeiten des Paretoschen und des Cournotschen Duopols, dann könnte man den Anhängern Cournots zustimmen, daß praktisch, wenn die Beteiligten die Gesamtsituation richtig würdigen, nur das Cournotsche Duopol in Frage kommt, weil der Versuch eines „hyperpolitischen" Verhaltens zu gar keinem vernünftigen Resultat führen kann. Nun besteht aber tatsächlich doch für jede Unternehmung die Möglichkeit einer „hyperpolitischen" Ausnutzung der Konkurrenten. Wenn A auf „hyperpolitische" Versuche verzichtet und sich mit dem geringeren Gewinn begnügt, dann besteht für B nicht der geringste Grund, auch seinerseits darauf zu verzichten, die „Naivität" seiner Konkurrenten auszunutzen und seinen Gewinn über die Möglichkeiten des „Cournotschen Duopols" hinaus zu erhöhen. Es bleibt also, theoretisch gesprochen, gar keine andere Möglichkeit übrig, als dem erwerbswirtschaftlichen Prinzip die Fähigkeit abzusprechen, im Falle des Duopols ein mechanisches Gleichgewicht herzustellen. Die Konkurrenten müssen sich in irgendeiner Form einigen; sie müssen die in diesem Falle nicht ausreichende Wirtschaftsmechanik durch Wirtschaftspolitik ergänzen.

Der prinzipielle Unterschied zwischen dem Cournotschen und dem Paretoschen Duopol bleibt bestehen, wenn man nicht zwei, sondern mehrere Unternehmungen annimmt, die miteinander konkurrieren. Wir ersetzen dann das Wort „Duopol" durch die Bezeichnung „Polypol". Wir lassen die in diesem Falle auftretenden interessanten Komplikationen des Problems außer Betracht. Für uns ist folgende Feststellung wichtig: Je größer die Anzahl annähernd gleicher Unternehmungen ist, desto weniger unterscheidet sich das Paretosche Polypol vom Cournotschen und dieses von der Situation der freien Konkurrenz. Es wird nämlich der zusätzliche Gewinn, den die einzelnen Unternehmungen bei „hyperpolitischem" Verhalten gegenüber dem Cournotschen Polypol erhalten könnten, mit zunehmender Anzahl von Konkurrenten immer kleiner; ebenso nimmt auch der zusätzliche Gewinn des Cournotschen Polypols gegenüber der freien Konkurrenz ab. Anders ausgedrückt: Es wird der Unternehmung schließlich gleichgültig, ob sie das Angebot ihrer Konkurrenten und den Preis oder nur den Preis oder keines von beiden zu beeinflussen sucht. Die Gewinndifferenz wird so gering, daß sie keine Systemänderungen mehr herbeiführen kann; gleichzeitig wird der Unterschied zwischen den Angebotsmengen im Paretoschen Polypol,[1]) im Cour-

---

[1]) Im Paretoschen Polypol sucht jeder eine bestimmte Menge herauszubringen und sie den anderen als unabänderliche Größe aufzuoktroyieren. Die Summe dieser Mengen ist das Gesamtangebot des Paretoschen Polypols,

notschen Polypol und in der freien Konkurrenz immer kleiner. Auf diese Weise wird das Gleichgewicht der freien Konkurrenz praktisch erreicht, wenn nur die Anzahl der Unternehmungen groß genug ist.

II.

1. Die dynamisch bedingte Verringerung der Anzahl der Unternehmungen eines Produktionszweiges muß schließlich zu einem Punkte führen, in welchem das Problem des Polypols auftaucht. Gewohnheit, Unübersichtlichkeit des Marktes, Schwierigkeiten der Kalkulation usw. mögen zunächst diesen Punkt hinausschieben. Irgendwann taucht aber das Problem auf. Es ist durchaus möglich, daß zunächst nur das Cournotsche Polypol in Frage kommt, weil dessen Unterschied gegenüber der freien Konkurrenz vielleicht größer ist, als der Unterschied des Paretoschen Polypols gegenüber dem Cournotschen. Dann bleibt zwar ein Gleichgewicht bestehen; aber der Fundamentalsatz der erwerbswirtschaftlichen Produktion wird nicht mehr konkurrenzwirtschaftlich erfüllt; für jede Unternehmung ist der Preis jetzt größer als die Grenzkosten. Da anderseits nach der Restatisierung kein Produktionszweig gegenüber den anderen einen Sondergewinn erzielen kann, der Preis also den Durchschnittskosten gleich ist, so gelangen wir zu dem interessanten Ergebnis, daß mit dem Übergang zum Polypol ein Übergang der Unternehmungen aus dem Optimum in die Degressionszone verknüpft ist. Dies ist nur dadurch möglich, daß die individuelle Nachfragekurve, d. h. die Nachfragefunktion, der sich die einzelne Unternehmung im Polypol gegenüber sieht, die Durchschnittskostenkurve in einem Punkte links vom Optimum tangiert und im übrigen unterhalb der Durchschnittskostenkurve verläuft. Da die günstigste Produktionsgeschwindigkeit des Cournotschen Polypols kleiner ist als die optimale, so bestimmt sich hier die Anzahl der Unternehmungen anders, als im Falle der freien Konkurrenz.

Jede Unternehmung erzielt einen Gewinn, der größer ist als der Gewinn, der sich in demselben Produktionszweig bei Vorhandensein der gleichen Anzahl von Unternehmungen in der freien Konkurrenz herausgebildet haben würde. Dagegen ist der Polypolgewinn nicht größer als der Gewinn, den die Unternehmungen in anderen — konkurrenzwirtschaftlich organisierten — Produktionszweigen erzielen. Wäre er das, dann würde der polypolistische Produktionszweig Unternehmer anlocken, bis sich die Gewinnmöglichkeiten überall ausgeglichen hätten. Umgekehrt würden einige Unternehmer diesen Produktionszweig verlassen, wenn er nach konkurrenzwirtschaftlichem Prinzip — nicht mehr nach polypolistischem — reguliert würde. Sie würden sich anderen Produktionszweigen zuwenden, wodurch der Preis für die Unternehmerleistung, also das normale Unternehmereinkommen, auf der ganzen Linie sinken würde. Der Übergang von der absoluten Konkurrenz zum Polypol

---

das naturgemäß für alle Konkurrenten verlustreich ist und deshalb nur vorübergehend aufrechterhalten werden kann.

wirkt also für die gesamte Sozialwirtschaft wie eine Verknappung der Unternehmerleistung. Je mehr Produktionszweige zum Polypol übergehen, desto größer wird der Anteil der Unternehmer am Sozialprodukt. Das gilt erst recht für das Monopol. Das erwerbswirtschaftliche Prinzip wirkt im Polypol — und erst recht im Monopol — volkswirtschaftlich weniger rationell, als in der freien Konkurrenz, ein Ergebnis, das bereits seit Cournot Allgemeingut der Theorie ist.

2. Eine weitere Verminderung der Anzahl der Unternehmungen führt schließlich früher oder später zum Paretoschen Polypol. Der erwerbswirtschaftliche Mechanismus versagt hier. Es entsteht der Zwang zu einer Einigung in irgendeiner Form, sei es auf der Basis der Gleichberechtigung, was zunächst einem Kartell entsprechen würde, sei es auf dem Grundsatz der Über- und Unterordnung, indem eine Unternehmung über die anderen siegt und die Marktlage „hyperpolitisch" bestimmt. Bei einer größeren Zahl annähernd gleicher Unternehmungen ist ein Kartell das Wahrscheinlichste. Ein solches führt, je nachdem wie straff es ist, schließlich zu der Möglichkeit einer monopolistischen Beherrschung des Marktes. Damit hört der Konkurrenzmechanismus auf, die Produktion zu regulieren. Der marktwirtschaftliche Zusammenhang zwischen Betriebsgröße und Anzahl der Unternehmungen wird in dem gleichen Maße aufgehoben, in welchem die horizontale Konzentration straffere Formen annimmt; schließlich wird die Frage der Betriebsgröße und Betriebsanzahl ganz von Gesichtspunkten beherrscht, die im Inneren des Gesamtverbandes liegen; die Gesichtspunkte können sowohl außerwirtschaftlich bestimmt sein, als auch auf einer für den Gesamtverband gültigen Rentabilitätsrechnung und Kalkulation basieren; im letzteren Falle wird die rationellste Gesamtproduktion angestrebt werden, allerdings im Dienste eines monopolistisch organisierten Gewinnstrebens.

3. Der eben charakterisierte dynamische Prozeß enthält formal bestimmte Tendenzen nicht allein auf horizontale, sondern auch auf vertikale Konzentration. Bereits im Cournotschen Polypol tritt ein aus dem erwerbswirtschaftlichen Prinzip resultierendes Streben nach einem Zusammenschluß mit Betrieben, die Güter niederer Ordnung herstellen. Denn der Satz XXXVIII zeigt, daß im Monopolfall, d. h. aber immer dann, wenn der Preis in seiner Höhe von der angebotenen Menge der einzelnen Unternehmungen abhängt, eine vertikale Kombination vorteilhaft ist. Diese vertikale Konzentrationstendenz wird desto stärker, je weiter die horizontale Konzentration vorschreitet. Sie ist zunächst nur eine aus dem Gewinnstreben folgende „Lockung", kein systematischer Zwang. Ein solcher ergibt sich jedoch, wenn man annimmt, daß in zwei auseinanderfolgenden Produktionszweigen die technische Entwicklung zur horizontalen Konzentration führt. Die daraus entstehenden Kartelle können miteinander nicht auf Grund eines mechanischen Gleichgewichts kontrahieren. Es würde ein Machtkampf entstehen, weil jeder Partner versuchen würde, sein Preisgebot, bzw. seine Preisforderung dem anderen aufzuzwingen. Das Ergebnis ist die Notwendigkeit einer Einigung; die vertikale Konzentration wird systematisch erzwungen.

III.

Eine weitere Zunahme der Betriebsgröße wird nun zu einer internen Angelegenheit der horizontalen Zusammenschlüsse. Je stärker die Zentralisierung ist, desto eher wird man jeden Produktionszweig. als eine einzige Riesenunternehmung betrachten können, die in ihrer betrieblichen Zusammensetzung als „parallel geschaltetes Batteriesystem" gekennzeichnet werden kann. Hier ist jeder Elementarbetrieb ein optimaler. Der entscheidende Unterschied gegenüber der Konkurrenzwirtschaft liegt darin, daß das erwerbswirtschaftliche Prinzip nicht mehr die volkswirtschaftliche Produktivität gewährleistet, sondern ihr entgegenwirkt.

Die Tendenz zur strafferen Zentralisierung wird desto stärker, je größer die optimale Betriebsgröße im Laufe der technischen Entwicklung wird und je mehr sie sich von einer vielleicht tatsächlich bestehenden, unter dem Schutze des Kartells rückständig gewordenen Betriebsgröße entfernt. Das Wirtschaftsbündnis wird zur Wirtschaftseinheit. Die letzte Konsequenz eines Wachstums des Betriebsoptimums ist gegeben, wenn die günstigste Ausbringung des optimalen Betriebes die Gesamtausbringung des betreffenden Produktionszweiges erreicht oder überschreitet. Hier ergibt sich auf die Dauer eine Riesenunternehmung, die aus einem einzigen Riesenbetrieb besteht. Diese wird zunächst annähernd ihr Optimum realisieren. Wächst dieses weiter, so gelangt die Unternehmung schließlich in zunehmendem Maße in Kostendegression oder gar in den Bereich des zunehmenden Ertrages.[1])

---

[1]) Die Feststellungen dieses Paragraphen ergänzen den Satz XVII (S. 42). In Verbindung mit diesem Satz ergeben sie eine Grundlage zur Kritik einiger theoretischer Vorstellungen:

a) So erscheinen z. B. die Diagramme in A. Marshalls Handbuch, Fig. 24, 26, 28, 29, 30, 32, 33, 35 gegenstandslos. Denn sie beruhen teils auf Voraussetzungen der Konkurrenzwirtschaft (nämlich daß der Schnittpunkt der Angebots- und der Nachfragekurve den Gleichgewichtspunkt ergibt) teils auf Voraussetzungen, die mit der Konkurrenzwirtschaft unverträglich sind (nämlich fallende Angebotskurven). Sie lassen sich nur dann retten, wenn man die Nachfragekurve nicht als Preis-, sondern als Grenzertragskurve, die Angebotskurve als Grenzkostenkurve deutet und das Phänomen im übrigen auf das Monopol bezieht.

b) Cassel stellt (Th. S. 86 bis 88) als zweites supplementäres Prinzip seiner Preisbildung den Satz auf: „Wenn bei größerem Absatz billiger produziert werden kann, d. h. wenn die auf die Gesamtproduktion bezogenen Durchschnittskosten des Produkts bei steigendem Umfang der Produktion sinken, muß bei Gleichgewicht der Preis des Produkts den durchschnittlichen Produktionskosten entsprechen". Dieses Postulat entspricht dem Bedarfsdeckungsprinzip, ist jedoch mit dem erwerbswirtschaftlichen Prinzip in der freien Konkurrenz unvereinbar. Wohl gilt, wie oben gezeigt, für die konkurrenzwirtschaftliche Unternehmung die Gleichheit von Preis und Durchschnittskosten. Diese Unternehmungen unterliegen jedoch dem Gesetz des abnehmenden Ertrages. Das Gesetz des zunehmenden Ertrages ist in der Erwerbswirtschaft nur in Verbindung mit dem Monopol möglich. Hier gilt

Führt der technische Fortschritt in allen Produktionszweigen zu einem dauernden Wachstum der optimalen Betriebsgröße, so wird das Ergebnis eine Zusammenballung des ganzen volkswirtschaftlichen Produktionsapparates zu einem Gebilde sein, das nur einem Interesse gehorcht und somit als eine Unternehmung bezeichnet werden kann. Innerhalb dieser Unternehmung gilt, wie in der Theorie der Verrechnungspreise gezeigt wurde, das Bedarfsdeckungsprinzip.

Diese volkswirtschaftliche Gesamtunternehmung würde eine Zusammenfassung aller Glieder der betreffenden Volkswirtschaft bedeuten, da unter dem Drucke der allgemeinen Monopolisierungstendenz auch übrigbleibende konkurrenzfähige Produktionszweige zur Monopolisierung schreiten würden. Das gilt auch für die Anbieter der Produktionsfaktoren. Diese formal konzipierte Gesamtunternehmung würde in der Realität nichts anderes als eine Funktion des Staates darstellen, der in gleichem Maße in den volkswirtschaftlichen Produktions- und Verteilungsprozeß eingreifen wird, in welchem sich die Konzentration vollzieht. Dem Staate würde es auch vorbehalten bleiben, bei einer Umkehr der technischen Entwicklung zur Betriebsverkleinerung (die an sich nicht weniger wahrscheinlich ist, als die Betriebsvergrößerung) eine, jetzt wieder mögliche, konkurrenzwirtschaftliche Organisation des Produktionsapparates einzuführen.

wohl, wie gezeigt, formell die Gleichheit von Preis und Durchschnittskosten aber nur deshalb, weil wir im Gleichgewicht auch den Preis für die Unternehmerleistung als Kostenbestandteil auffassen müssen, gleichgültig, ob es sich um einen konkurrenzwirtschaftlichen oder um einen Monopolpreis handelt.

Anhang.

A. Mathematischer Anhang.

Im folgenden sind die im Text gebrachten Beweise zum Teil durch analytische Ableitungen ergänzt.

I. Das Betriebsoptimum (Kap. 2, § 2).

1. Die optimale Produktionsgeschwindigkeit p ist dadurch definiert, daß ihre Durchschnittskosten ein Minimum sind; p ergibt sich aus der Gleichung:

$$\frac{d\,K^*}{d\,x}\{p\} = 0$$

oder wegen $K^* = \dfrac{K}{x}$ aus der Gleichung

$$\frac{K'(p)}{p} - \frac{K(p)}{p^2} = 0,$$

woraus nach einiger Umformung folgt:

$$K'(p) = K^*(p) \quad \ldots \ldots \ldots \ldots \ldots (1)$$

Dies ist der Fundamentalsatz des Betriebsoptimums (Satz I).

2. Für das Betriebsoptimum gilt definitionsgemäß die Minimumbedingung:

$$\frac{d^2\,K^*}{d\,x^2}\{p\} > 0 \quad \ldots \ldots \ldots \ldots \ldots (2)$$

Es ist aber:

$$\frac{d^2\,K^*}{d\,x^2} = \frac{K''(x)}{x} - \frac{2\,[K'(x) - K^*(x)]}{x^2}$$

Wegen (1) gilt also:

$$\frac{d^2\,K^*}{d\,x^2}\{p\} = \frac{K''(p)}{p}.$$

Somit ist (2) gleichbedeutend mit

$$K''(p) > 0 \quad \ldots \ldots \ldots \ldots \ldots (3)$$

Die Ungleichung beinhaltet den Satz II.

Genügen mehrere Werte von x den Bedingungen (1) und (3), so ist p derjenige unter diesen Werten, dem der niedrigste Wert der Funktion K^* zugeordnet ist.

3. Es gilt nach der Definition von K, K_I und K_{II}:

$$K(x) = K_I + \int_0^x K'(\xi)\, d\xi$$

Wegen (1) haben wir:

$$p \cdot K'(p) = K_I + \int_0^p K'(\xi)\, d\xi$$

Da für $x = b$ nach Definition $K(x)$ ein Minimum wird, gilt:

$$K'(x) \geqq K'(b)$$

und somit

$$\int_0^p K'(\xi)\, d\xi \geqq \int_0^p K'(b)\, d\xi = p \cdot K'(b).$$

Wir haben also:

$$p \cdot K'(p) \geqq K_I + p \cdot K'(b)$$

oder

$$K'(p) - K'(b) \geqq \frac{K_I}{p}.$$

Da für $x = p$ die Funktion K' bereits ansteigt, so muß $p > b$ sein, und zwar um einen Betrag, der ein Anwachsen von $K'(b)$ auf $K'(p)$ mindestens um $\frac{K_I}{p}$ bedingt.

4. Zum Beweise des Satzes III formulieren wir analytisch seine Voraussetzungen. Dieses sind:

α) $K''(x)$ existiert und ist stetig für $x \geqq 0$ (Regularität)

β) sign $K''(x) = $ sign $(x - b)$ (Regelmäßigkeit)

Die Behauptung lautet dann:

$$\text{sign}\,[K'(x) - K^*(x)] = \text{sign}\,(x - p) \quad \ldots \ldots (4)$$

Wir betrachten zunächst die Funktion

$$f(x) = x\,[K'(x) - K^*(x)] = x \cdot K'(x) - K(x)$$

Es gilt:

$$\text{sign}\,f(x) = \text{sign}\,\frac{f(x)}{x} = \text{sign}\,[K'(x) - K^*(x)]$$

Unsere Behauptung ist also bewiesen, wenn wir die Gleichung

$$\text{sign}\,f(x) = \text{sign}\,(x - p)$$

bewiesen haben.

Es gilt ferner:

$$\lim_{x \to 0} K_{II}^*(x) = \lim_{x \to 0} \frac{K(x) - K(o)}{x} = K'(o) \quad \ldots \ldots (5)$$

Somit haben wir:

$$\lim_{x \to 0} f(x) = \lim_{x \to 0} x \cdot \lim_{x \to 0} K'(x) - \lim_{x \to 0} K(x) = - K_I$$

Setzen wir $f(o) = \lim\limits_{x \to o} f(x)$, wodurch $f(x)$ auch für $x = o$ stetig wird, so haben wir:

$$f(o) = -K_{\mathrm{I}} < 0 \quad \ldots \ldots \ldots \ldots (6)$$

Ferner gilt:

$$\frac{d f(x)}{d x} = x \cdot K''(x) \quad \ldots \ldots \ldots \ldots (7)$$

Wegen der Voraussetzung β) ist also $f(x)$ für $x < b$ monoton abnehmend und für $x > b$ monoton zunehmend und hat für $x = b$ ein Minimum. Wegen (6) ist somit $f(x)$ für $x < b$ negativ. Wegen (1) ist $f(p) = 0$, infolgedessen wegen (7) für $x > p$ positiv und für $b < x < p$ negativ. $f(b)$ ist negativ als Minimum von auch negativen Werten. Es gilt also:

$$\operatorname{sign} f(x) = \operatorname{sign} (x - p)$$

Hiedurch ist die Behauptung (4) bewiesen.

5. Satz III beinhaltet den Satz IIIb. Daß auch Unternehmungen mit konstantem Ertragszuwachs der Kostendegression unterliegen, folgt aus einer einfachen Überlegung. Als Voraussetzung haben wir hier: $K'(x) = \mathrm{constans}$. Es ist also:

$$K(x) = K_{\mathrm{I}} + \int\limits_o^x K' \, d\xi = K_{\mathrm{I}} + x \cdot K'$$

$$K^*(x) = \frac{K_{\mathrm{I}}}{x} + K'$$

$$K'(x) - K^*(x) = -\frac{K_{\mathrm{I}}}{x} < 0, \text{. w. z. b. w.}$$

II. Das Betriebsminimum (Kap. 2, § 3).

1. Die Bestimmungsgleichung für q lautet auf Grund ganz analoger Überlegungen, wie zu (1), und wegen $K'(x) = K'_{\mathrm{II}}(x)$:

$$K'(q) = K^*_{\mathrm{II}}(q) \quad \ldots \ldots \ldots \ldots (8)$$

Diese Gleichung drückt den Satz IV aus.

2. Der Ungleichung (2) entspricht hier die Ungleichung:

$$\frac{d^2 K^*_{\mathrm{II}}}{d x^2} \{q\} > 0 \quad \ldots \ldots \ldots \ldots (9)$$

Aus ihr resultiert, analog der Ungleichung (3), die Ungleichung:

$$K''(q) > 0 \quad \ldots \ldots \ldots \ldots (10)$$

Das ist die Behauptung des Satzes V.

3. Satz VI ist durch die Entwicklung (5) bewiesen.

III. Das Angebot der Unternehmung nach erwerbswirtschaftlichem Prinzip (Kap. 2, § 4).

1. Die günstigste Produktionsgeschwindigkeit s macht definitionsgemäß den Gewinn zum Maximum. Es gilt hier also:

$$G'(s) = E'(s) - K'(s) = 0$$

oder

$$E'(s) = K'(s) \quad \dots \dots \dots \dots (11)$$

Das ist der Fundamentalsatz des erwerbswirtschaftlichen Prinzips.

2. Die zweite Maximumbedingung für G lautet:

$$G''(s) < 0 \quad \dots \dots \dots \dots \dots (12)$$

Das heißt: $G'(x)$ ist in der Umgebung von $x = s$ fallend oder wegen (11) für $x < s$ positiv und für $x > s$ negativ. Für eine hinreichend kleine Umgebung von s gilt also der Satz XI.

3. Satz XIII wird wie folgt bewiesen:
Seinen Voraussetzungen entsprechend würde für alle x die Ungleichung gelten:

$$E'(x) - K'(x) = G'(x) < 0 \quad \dots \dots \dots (13)$$

Die Gewinnfunktion nimmt hier mit zunehmendem x monoton ab. Ihr Maximum liegt also bei $x = 0$. Die Unternehmung würde sich am besten stehen, wenn sie stillgelegt würde. Sie würde dann den geringsten Verlust, nämlich K_{I}, erleiden.

4. Wegen $K'_{\mathrm{II}} = K'$ kann (11) durch die Gleichung

$$E'(s) = K'_{\mathrm{II}}(s) \quad \dots \dots \dots \dots (14)$$

ersetzt werden. Wir erhalten so den Satz XV.

5. In der freien Konkurrenz ist der Preis P von x unabhängig. Es ist dann $E(x) = x \cdot P$ und $E'(x) = P$. (11) wird hier durch

$$P = K'(s) \quad \dots \dots \dots \dots (15)$$

ersetzt. (15) ist der Satz XVI. (12) ergibt:

$$K''(s) > 0 \quad \dots \dots \dots \dots (16)$$

Hieraus folgen die Sätze XVII und XVIII.

6. Im Falle des Monopols ist der Preis des von der Unternehmung produzierten und angebotenen Gutes eine monoton abnehmende Funktion der Produktionsgeschwindigkeit. Es gilt also:

$$P'(x) < 0 \quad \dots \dots \dots \dots (17)$$

Aus (11) folgt:

$$K'(s) = P(s) + s \cdot P'(s) \quad \dots \dots \dots (18)$$

Bezeichnen wir den absoluten Betrag $|P'(x)|$ von $P'(x)$ als das Gefälle der Nachfragefunktion, so gilt wegen (17) und (18):

$$K'(s) = P(s) - s \cdot |P'(s)| \quad \dots \dots \dots (19)$$

Das ist der Inhalt des Satzes XX.

Eine andere Formulierung dieses Satzes erhalten wir, wenn wir den in der theoretischen Ökonomik geläufigen Begriff der Elastizität der Nachfrage heranziehen. Wir wollen den analytischen Ausdruck für das Maß der Elastizität nicht ableiten, sondern entnehmen ihn unmittelbar dem Handbuch A. Marshalls.[1]) Marshall gibt ihn in folgender Form an: $\dfrac{d\,x}{x} : \dfrac{-d\,y}{y}$. Hiebei ist x die Menge des Gutes, also identisch mit unserem x, und y der Preis, also identisch mit unserem P. In unserer Schreibweise lautet der Ausdruck für die Elastizität: $\dfrac{d\,x}{x} : \dfrac{-d\,P}{P}$. Diesen Ausdruck bezeichnen wir einfach als „die Elastizität"[2]) und führen für sie das Symbol ε ein. ε ist eine Funktion[3]) von x:

$$\varepsilon\,(x) = \frac{d\,x}{x} : -\frac{d\,P}{P} = -\frac{P\,(x)}{x \cdot P'\,(x)} \quad \cdots \cdots \quad (20)$$

Aus (20) ergibt sich:

$$x \cdot P'\,(x) = -\frac{P\,(x)}{\varepsilon\,(x)}$$

Hieraus folgt als Bedingung für die günstigste Produktionsgeschwindigkeit wegen (18):

---

[1]) A. Marshall, Handbuch, S. 685; cf. auch: Dalton, The inequality of incomes, S. 192 ff.

[2]) cf. auch Bowley, l. c. S. 32/33.

[3]) Durch Integration dieser Differentialgleichung ergibt sich ein für die sogenannte „synthetische Ökonomik" wichtiger analytischer Ausdruck für die Preisfunktion. Wir geben nachstehend die Ableitung:

Wir wollen annehmen, daß $\lim\limits_{x \to 0} \varepsilon\,(x)$ existiert und von Null verschieden ist. Es sei auch $\lim\limits_{x \to 0} \varepsilon\,(x) \to \infty$ zugelassen. Wir setzen dann $\dfrac{1}{\varepsilon\,(x)} = a + \eta\,(x)$, wobei $a = \lim\limits_{x \to 0} \dfrac{1}{\varepsilon\,(x)}$ sei. Dann ist:

$$\frac{P'}{P} = -\frac{1}{x \cdot \varepsilon\,(x)} = -\frac{a}{x} - \frac{\eta\,(x)}{x}$$

$$\int\limits_0^x \frac{P'}{P}\, d\,\xi = -a \int\limits_0^x \frac{d\,\xi}{\xi} - \int\limits_0^x \frac{\eta\,(\xi)}{\xi}\, d\,\xi + ln\,C$$

$$ln\,P = a\,ln\,x + ln\,C - \int\limits_0^x \frac{\eta\,(\xi)}{\xi}\, d\,\xi$$

$$P = \frac{C}{x^a} \cdot e^{-\int\limits_0^x \frac{\eta\,(\xi)}{\xi}\, d\,\xi}$$

Ist $\varepsilon\,(x)$ konstant, so hat der Faktor $e^{-\int\limits_0^x \frac{\eta\,(\xi)}{\xi}\, d\,\xi}$ den Wert 1. Dann ist nämlich $\varepsilon\,(x) = \dfrac{1}{a}$ für alle Werte von x. Zu beachten ist, daß in diesem Falle die Ertragsfunktion $x \cdot P$ nur dann unserer Annahme entsprechend vom Nullpunkt ausgeht, wenn $a < 1$, also $\varepsilon > 1$, d. h. wenn die Nachfrage elastisch ist.

$$P(s) - K'(s) = \frac{P(s)}{\varepsilon(s)} \quad \ldots \ldots \ldots \ldots (21)$$

Das ist der Inhalt des Satzes XXa. Aus (19) oder (21) folgt unmittelbar der Satz XXI.

IV. Die Kosten der verbundenen Produktion (Kap. 3, §§ 1 bis 3).

1. Hier handelt es sich vor allem darum, ein Koordinatensystem zu finden, das der darzustellenden Materie am besten entspricht. Als ein solches wählen wir zunächst — wenn man die Produktionsgeschwindigkeiten als cartesische Koordinaten auffaßt — das System der polaren Koordinaten.

Wir betrachten also die Kostenfunktionen in ihrer Abhängigkeit von den Größen r und φ, wobei $r = \sqrt{x_1^2 + x_2^2}$ und $\operatorname{tg} \varphi = \dfrac{x_2}{x_1}$ ist. Wird (x_1, x_2) als ein Vektor $\mathfrak{x}$ betrachtet, so ist r seine Länge und φ seine Richtung. Deshalb sprechen wir von der „Produktionslänge" r und der „Produktionsrichtung" φ. Wir setzen $K(x_1, x_2) = K[r, \varphi]$ und entsprechend $P(x_1, x_2) = P[r, \varphi]$. Als Vektoreinheit $\mathfrak{e}$ bezeichnen wir den Vektor $(\cos\varphi, \sin\varphi)$. Es ist dann $\mathfrak{x} = \mathfrak{e} \cdot r$. Wir haben nun insbesondere:

a) die Gesamtkostenfunktion:

$$K[r, \varphi] = K(r \cdot \cos\varphi, \; r \cdot \sin\varphi);$$

b) die Grenzkostenfunktion:

$$\frac{\partial K}{\partial r} = K'_r[r, \varphi] = K'_1 \cdot \cos\varphi + K'_2 \cdot \sin\varphi,$$

$$\text{wobei } K'_1 = \frac{\partial K}{\partial x_1} \text{ und } K'_2 = \frac{\partial K}{\partial x_2};$$

entsprechend Grenzkostensteigung;

c) die Durchschnittskosten:

$$K^*[r, \varphi] = \frac{K}{r};$$

entsprechend die durchschnittlichen variablen Kosten;

d) den Ertrag im allgemeinen Falle des Monopols:

$$E[r, \varphi] = E(r \cdot \cos\varphi, \; r \cdot \sin\varphi) \quad \ldots \ldots \ldots \ldots \ldots (22)$$
$$= r \cdot \cos\varphi \cdot P_1(r \cdot \cos\varphi, \; r \cdot \sin\varphi) + r \cdot \sin\varphi \cdot P_2(r \cdot \cos\varphi, \; r \cdot \sin\varphi)$$
$$= r\{\cos\varphi \cdot P_1[r, \varphi] + \sin\varphi \cdot P_2[r, \varphi]\}$$
$$= \mathfrak{x} \cdot \mathfrak{P}$$

Die speziellen Fälle ergeben sich aus dieser Formel.

2. Ist das Zusammensetzungsverhältnis $x_1 : x_2$ der verbundenen Produktion konstant, so haben wir als Produktsmengeneinheit den

Einheitsvektor $\mathfrak{e}$ der (konstanten) Produktionsrichtung aufzufassen. Dann ist r die in der Zeiteinheit hergestellte Menge der Produktseinheiten, also nichts anderes, als die Produktionsgeschwindigkeit im Falle der einfachen Produktion. Somit gilt der Fundamentalsatz der verbundenen Produktion (XXVI).

3. Jeder Richtung ist je eine Produktionslänge b, q, p und s zugeordnet. Wir erhalten also b, q, p und s als Funktionen der Richtung φ. Insbesondere gilt folgendes:

Setzt man

$$\frac{\partial^2 K}{\partial r^2}\{r, \varphi\} = 0$$

so ist $r = b$. Wir haben also durch die Gleichung

$$\frac{\partial^2 K}{\partial r^2}\{b, \varphi\} = 0$$

die Größe b als implizite Funktion von φ definiert. Es ist $r = b[\varphi]$ die Gleichung der b-Kurve. Ebenso ist

$$\frac{\partial K}{\partial r}\{q, \varphi\} - K_{\mathrm{II}}^*[q, \varphi] = 0$$

die Definition von $r = q[\varphi]$ (q-Kurve) und

$$\frac{\partial K}{\partial r}\{p, \varphi\} - K^*[p, \varphi] = 0$$

die Definition von $r = p[\varphi]$ (p-Kurve), sowie schließlich

$$\frac{\partial E}{\partial r}\{s, \varphi\} - \frac{\partial K}{\partial r}\{s, \varphi\} = 0$$

die Definition von $r = s[\varphi]$ (s-Kurve), also der Kurve der günstigsten Produktionsgeschwindigkeiten.

Betrachtet man die Richtung längs konzentrischer Kreise, also längs Kurven mit der Gleichung $r = \mathrm{const.}$, so erhält man die Kurve der günstigsten Richtungen aus der Gleichung:

$$\frac{\partial E}{\partial \varphi}\{r, \sigma\} - \frac{\partial K}{\partial \varphi}\{r, \sigma\} = 0.$$

Hieraus erhalten wir $\varphi = \sigma[r]$. Der Punkt, der den beiden Gleichungen $r = s[\varphi]$ und $\varphi = \sigma[r]$ genügt, ist das günstigste Produktionsniveau. Wir haben somit die drei Sätze XXVII bis XXIX.

4. Das polare Koordinatensystem besteht aus der Schar der konzentrischen Kreise um den Ursprung und aus dem Strahlenbüschel durch den Ursprung. Wir ersetzen die Schar der Kreise durch die Schar der kostenindifferenten Kurven. Wir erhalten so ein Koordinatensystem, das der behandelten Materie am besten entspricht. Ein Produktsvektor wird hier bestimmt durch die Höhe seiner Produktionskosten und durch seine Produktionsrichtung, d. h. durch die Proportion seiner

Komponenten. Wir konfrontieren schließlich die Schar der kostenindifferenten Kurven mit der Schar der ertragsindifferenten Kurven.
Die Schar der kostenindifferenten Kurven hat die Gleichung:

$$K\,[r,\;\varphi] = M \quad \ldots \ldots \ldots \ldots \ldots \quad (23)$$

wobei M der Parameter der Schar ist. Die Schar der ertragsindifferenten
Kurven hat die Gleichung:

$$E\,[r,\;\varphi] = L \quad \ldots \ldots \ldots \ldots \ldots \quad (24)$$

wobei L der Parameter dieser Schar ist.

Eine beliebige kostenindifferente Kurve k hat die Gleichung
$K\,[r,\varphi] - M_k = 0$ und definiert r als eine eindeutige Funktion von φ, also:

$$r = k\,[\varphi] \quad \ldots \ldots \ldots \ldots \ldots \quad (25)$$

Durch Einsetzen von (25) in die Ertragsfunktion (22) erhalten wir den
Ertrag der Kurve k als Funktion der Richtung:

$$E = E\,[k\,[\varphi],\;\varphi] = E\,[\varphi]$$

Sein Maximum ergibt sich wie folgt:

$$\frac{d\,E}{d\,\varphi} = \frac{\partial\,E}{\partial\,r} \cdot \frac{d\,k\,[\varphi]}{d\,\varphi} + \frac{\partial\,E}{\partial\,\varphi} = \frac{\partial\,E}{\partial\,r} \cdot \left(-\frac{\frac{\partial\,K}{\partial\,\varphi}}{\frac{\partial\,K}{\partial\,r}} \right) + \frac{\partial\,E}{\partial\,\varphi} = 0$$

$$\frac{\partial\,E}{\partial\,r} \cdot \frac{\partial\,K}{\partial\,\varphi} - \frac{\partial\,E}{\partial\,\varphi} \cdot \frac{\partial\,K}{\partial\,r} = 0$$

oder

$$\begin{pmatrix} \dfrac{\partial\,E}{\partial\,r}\,, & \dfrac{\partial\,E}{\partial\,\varphi} \\[2mm] \dfrac{\partial\,K}{\partial\,r}\,, & \dfrac{\partial\,K}{\partial\,\varphi} \end{pmatrix} = 0 \quad \ldots \ldots \ldots \quad (26)$$

Dieser Ausdruck gilt für jede kostenindifferente Kurve. Er ist die Gleichung der Kurve, welche von den günstigsten Punkten der kostenindifferenten Kurven gebildet wird. Diese Gleichung besagt: Der günstigste Punkt einer jeden kostenindifferenten Kurve, der nicht am Rande
des Definitionsbereiches der Gesamtkosten- und der Ertragsfunktion
liegt, zeichnet sich dadurch aus, daß die durch ihn hindurchgehenden
kostenindifferenten und ertragsindifferenten Kurven in ihm eine gemeinsame Tangente besitzen.

Die Gleichung (26) läßt sich auf den Fall verallgemeinern, daß
n Güter verbunden produziert werden. Wir haben dann als Koordinaten
die Produktionslänge r und $n - 1$ Winkel $\varphi_1, \varphi_2 \ldots \varphi_{n-1}$, die zusammen die Produktionsrichtung ausmachen. (26) besagt, daß die zwei-
dimensionale Matrix

$$\begin{pmatrix} \dfrac{\partial\,E}{\partial\,r}\,, & \dfrac{\partial\,E}{\partial\,\varphi} \\[2mm] \dfrac{\partial\,K}{\partial\,r}\,, & \dfrac{\partial\,K}{\partial\,\varphi} \end{pmatrix}$$

den Rang 1 hat. Dasselbe gilt für den Fall von n Gütern für die entsprechende n-dimensionale zweireihige Matrix:

$$\begin{pmatrix} \dfrac{\partial E}{\partial r}, & \dfrac{\partial E}{\partial \varphi_1}, & \cdots & \dfrac{\partial E}{\partial \varphi_{n-1}} \\[2ex] \dfrac{\partial K}{\partial r}, & \dfrac{\partial K}{\partial \varphi_1}, & \cdots & \dfrac{\partial K}{\partial \varphi_{n-1}} \end{pmatrix}$$

Die Determinanten 2. Grades dieser Matrix werden gleich Null gesetzt, wodurch man $n-1$ Gleichungen erhält, die zusammen eine Raumkurve im n-dimensionalen Raum definieren.[1]

V. Theorie des zwischenbetrieblichen Verrechnungspreises (Kap. 3, § 4).

Wir verwenden die gleichen Bezeichnungen wie im Text. Die Kosten, die im Betriebe Nr. 2 zu den Kosten des Betriebes Nr. 1 hinzukommen, bezeichnen wir mit H. Offenbar hängt H von x_2 und von y ab. Die Größe y wird jedoch als Funktion von x_1 und x_2 durch die Bedingung definiert, daß die Kosten von $x_1 - y$ und x_2 jeweils ein Minimum sein müssen. Wir haben also für die Gesamtunternehmung:

$$K = K_1(x_1) + H(x_2, y) \qquad \ldots \ldots \ldots (27)$$

und für den Betrieb Nr. 2:

$$K_2 = y \cdot V + H(x_2, y) \qquad \ldots \ldots \ldots (28)$$

wobei gleichzeitig die Bedingung[2] gilt:

$$\frac{\partial H}{\partial y} = -\frac{d K_1}{d x_1} \qquad \ldots \ldots \ldots (29)$$

Durch (29) ist y als Funktion von x_1 und x_2 definiert.

1. Ist das Gut Nr. 1 nicht marktgängig, so ist $y = x_1$. Damit die

---

[1] (26) läßt sich auch in der Form $\dfrac{\partial K}{\partial r} : \dfrac{\partial K}{\partial \varphi} = \dfrac{\partial E}{\partial r} : \dfrac{\partial E}{\partial \varphi}$ schreiben. Sie entspricht genau der bei Marshall, Handbuch, S. 690, angegebenen Gleichung der „Vertragskurve" von Edgeworth, hat hier allerdings eine andere, wenn auch analoge Bedeutung. Eine einfache Rechnung zeigt übrigens, daß die Determinante (26) denselben Wert hat wie die Determinante $\begin{vmatrix} E'_1 & E'_2 \\ K'_1 & K'_2 \end{vmatrix}$; sie ist also gegenüber unserer Koordinatentransformation invariant.

[2] Diese Bedingung ergibt sich wie folgt: Setzen wir $x_1 - y = u$, so soll bei gegebenen u und x_2 die Größe K ein Minimum werden, also:

$$\frac{\partial K(u, y, x_2)}{\partial y} = \frac{\partial K_1(u+y)}{\partial y} + \frac{\partial H(x_2, y)}{\partial y} = 0$$

woraus wegen $\dfrac{\partial K_1(u+y)}{\partial y} = \dfrac{d K_1(x_1)}{d x_1}$ die Formel (29) folgt.

Gesamtunternehmung den maximalen Gewinn erzielt, muß sie der Bedingung genügen:

$$\frac{d\,E}{d\,x_2}\{s_2\} = \left[\frac{d\,K_1}{d\,y} + \frac{\partial\,H}{\partial\,y}\right] \cdot \frac{d\,y}{d\,x_2}\{s_2\} + \frac{\partial\,H}{\partial\,x_2}\{s_2\}. \quad \ldots \quad (30)$$

Der Betrieb Nr. 2 soll sich bei seiner Produktion für den Markt voraussetzungsgemäß[1]) nach dem erwerbswirtschaftlichen Prinzip richten. Für ihn gilt also wegen (28):

$$\frac{\partial\,E}{\partial\,x_2}\{s_2\} = \left[\frac{d\,(y.\,V)}{d\,y} + \frac{\partial\,H}{\partial\,y}\right] \cdot \frac{d\,y}{d\,x_2}\{s_2\} + \frac{\partial\,H}{\partial\,x_2}\{s_2\} \quad \ldots \quad (31)$$

Aus (30) und (31) folgt für jede Stelle s_2 die Gleichung:

$$\frac{d\,K_1\,(y)}{d\,y} = \frac{d\,(y.\,V)}{d\,y}. \quad \ldots \ldots \ldots \ldots \quad (32)$$

Soll (32) für jeden möglichen Wert s_2 erfüllt sein, so muß allgemein gelten: $y\,.\,V = K_1\,(y) + \mathrm{L}$, wobei L eine beliebige Konstante ist. Wir erhalten, entsprechend dem Satz XXXV, die Formel:

$$V = K_1\,(y) + \frac{\mathrm{L}}{y} \quad \ldots \ldots \ldots \ldots \quad (33)$$

2. Das Gut Nr. 1 sei marktgängig. Der Verrechnungspreis soll so bestimmt werden, daß sich der Betrieb Nr. 2 stets in Übereinstimmung mit dem Interesse der Gesamtunternehmung befindet, wenn er nach dem erwerbswirtschaftlichen Prinzip anbietet. Beim Betrieb Nr. 1 müssen wir auf eine solche Bestimmung seines Angebotes verzichten und es unmittelbar von der Gewinnfunktion der Gesamtunternehmung abhängig machen.

Die Preise P_1 und P_2 seien vom Marktangebot beider Waren abhängig, also:

$$P_1 = P_1\,(x_1 - y,\ x_2) \text{ und } P_2 = P_2\,(x_1 - y,\ x_2) \quad \ldots \quad (34)$$

Dann gilt allgemein:

$$G = G\,(x_1,\ y,\ x_2) \text{ und } G_2 = G_2\,(x_1,\ y,\ x_2)$$

Hiebei ist y durch die Minimumbedingung (32) für die Produktionskosten von x_2 als Funktion von x_2 definiert.

Die Maximumbedingung für G lautet:

$$\frac{\partial\,G}{\partial\,y} \cdot \frac{\partial\,y}{\partial\,x_1} + \frac{\partial\,G}{\partial\,x_1} = 0; \quad \frac{\partial\,G}{\partial\,y} \cdot \frac{\partial\,y}{\partial\,x_2} + \frac{\partial\,G}{\partial\,x_2} = 0 \quad \ldots \quad (35)$$

a) Für den Betrieb Nr. 1 ist y eine gegebene Größe, die vom Betriebe Nr. 2 angefordert wird. Auch x_2 ist für ihn gegeben. Der Betrieb Nr. 1 beeinflußt also den Gewinn der Gesamtunternehmung unmittelbar nur durch die Gesamtherstellung s_1 seines Produktes. Wir erhalten s_1 aus

---

¹) cf. Kap. 3, § 4, I.

der ersten Gleichung (35), die nach einigen Umformungen und unter Berücksichtigung von (29) lautet:

$$(s_1 - y) \cdot \frac{\partial P_1}{\partial x_1} + P_1 + x_2 \cdot \frac{\partial P_2}{\partial x_1} - K'_1 (s_1) = 0 \quad \ldots (36)$$

(36) definiert s_1 als implizite Funktion von y und x_2.

b) Der Betrieb Nr. 2 bietet voraussetzungsgemäß nach erwerbswirtschaftlichem Prinzip an. Sein Gewinn hängt wegen (32) und (36) letzten Endes nur von x_2 ab. Die Maximumbedingung für G_2 als Bestimmungsgleichung von s_2 lautet:

$$\frac{\partial G_2}{\partial x_1} \cdot \frac{d s_1}{d x_2} + \frac{\partial G_2}{\partial y} \cdot \frac{d y}{d x_2} + \frac{\partial G_2}{\partial x_2} = 0 \quad \ldots \ldots (37)$$

An der Stelle $x_1 = s_1$ und $x_2 = s_2$ müssen G und G_2 maximal werden. (35) und (37) müssen also für dieselben Werte von x_1 und x_2 erfüllt sein, wenn das Verhalten des Betriebes Nr. 2 der Gesamtunternehmung einen maximalen Gewinn verschaffen soll. Das gilt für alle Preise und Preisfunktionen. Diese Forderung wird erfüllt, indem man die Ableitungen von G_2 den entsprechenden Ableitungen von G gleichsetzt. Wir erhalten so die drei Identitäten:

$$\frac{\partial G_2}{\partial x_1} = \frac{\partial G}{\partial x_1}; \quad \frac{\partial G_2}{\partial y} = \frac{\partial G}{\partial y}; \quad \frac{\partial G_2}{\partial x_2} = \frac{\partial G}{\partial x_2} \quad \ldots \ldots (38)$$

Aus (38) folgt, wenn L eine beliebige Konstante ist, die Behauptung des Satzes XXXVI:

$$G - G_2 = \mathrm{L} \quad \ldots \ldots \ldots \ldots (39)$$

Unter Beachtung von (27), (28) und (34) ist:

$$G \ = (x_1 - y) \cdot P_1 + x_2 \cdot P_2 - K_1 - H$$
$$G_2 = \qquad\qquad x_2 \cdot P_2 - y \cdot V - H$$

Hieraus und aus (39) folgt:

$$V = P_1 - \frac{x_1 \cdot P_1 - K_1}{y} + \frac{\mathrm{L}}{y} \quad \ldots \ldots (40)$$

3. (40) ist die allgemeine Formel für den zwischenbetrieblichen Verrechnungspreis.[1] Dieser läßt sich für alle speziellen Fälle aus (40) herleiten.

---

[1] Es läßt sich leicht zeigen, daß die Bedingung (29) bei Verwendung des Verrechnungspreises zur Bestimmung der jeweils niedrigsten Kosten für den Betrieb Nr. 2 gewahrt bleibt; es gilt. wenn $x_1 = u + y$ ist:

$$\frac{\partial K_2 (u, y, x_2)}{\partial y} = \frac{\partial (y \cdot V)}{\partial y} + \frac{\partial H}{\partial y}$$

Wegen (40) ist

$$y \cdot V = - u \cdot P (u) + K_1 (u + y),$$

also

$$\frac{\partial (y \cdot V)}{\partial y} = \frac{\partial K_1}{\partial y} = \frac{\partial K_1}{\partial x_1}$$

Somit erhalten wir (29).

a) Ist das Gut Nr. 1 nicht marktgängig, so ist sein Preis P_1 zunächst nicht definiert. Setzen wir $P_1 = 0$, so haben wir

$$V = \frac{K_1}{y} + \frac{L}{y}$$

woraus wegen $x_1 = y$ die Formel (33) folgt.

b) Liegt auf dem Markte des Gutes Nr. 1 freie Konkurrenz vor, so geht (36) in $P_1 = K'(s_1)$ über, woraus sich s_1 unabhängig von y und von x_2 ergibt. Wir erhalten dann aus (40):

$$V = P_1 - \frac{s_1 \cdot P_1 - K_1 - L}{y}$$

Der Zähler des Bruches auf der rechten Seite ist von y und von x_2 unabhängig. Wir können ihn mit — M bezeichnen, wobei M eine Konstante ist. Dann haben wir den Satz XXXVII:

$$V = P_1 + \frac{M}{y} \quad \ldots \ldots \ldots \ldots \ldots \quad (41)$$

c) Ist P_1 von x_2 und P_2 von x_1 unabhängig, so erhalten wir aus (36):

$$(s_1 - y) \cdot \frac{\partial P_1}{\partial x_1} \{s_1 - y\} + P_1 (s_1 - y) - K'_1 (s_1) = 0 \quad \ldots \quad (42)$$

(42) definiert s_1 als eine implizite Funktion von y. Die Formel für den Verrechnungspreis ergibt sich aus (40):

$$V = P_1 (s_1 - y) - \frac{s_1 \cdot P_1 (s_1 - y) - K_1 (s_1)}{y} + \frac{L}{y} \quad \ldots \quad (43)$$

Hier ist V vom Marktpreis P_1 wesentlich, d. h. nicht nur um den Quotienten aus einer Konstanten und y verschieden, weil der Zähler des ersten Bruches in (43) durch $P_1 (s_1 - y)$ und durch s_1 wegen (42) von y abhängt. Hieraus ergeben sich die Überlegungen von § 4, IV, die zum Satz XXXVIII führen. Im übrigen ist wegen (42) festzustellen, daß das Angebot des Betriebes Nr. 1 vom Angebot des Betriebes Nr. 2 in dem Sinne unabhängig ist, daß sich der Betrieb Nr. 1 in seinem Marktangebot nicht nach der Marktlage des Betriebes Nr. 2 zu richten braucht, sondern selbständig kalkulieren kann. Die Kostenrechnung kann hier aufgeteilt werden.

d) Sind Preis und maximale absetzbare Menge für das Gut Nr. 1 fixiert (z. B. durch ein Kartell), und bezeichnen wir das maximal absetzbare Kontingent mit h, so sind zwei Fälle zu unterscheiden:

α) Ist das Angebot s_1 des Betriebes Nr. 1, das zustande kommen würde, wenn der Absatz — bei gegebenem Preise — frei wäre, größer, als $h + y$, so wird der Betrieb Nr. 1 die Menge $h + y$ produzieren. Wir haben dann wegen (40) und wegen $x_1 = h + y$

$$V = \frac{K_1 (h + y)}{y} + \frac{L - h \cdot P_1}{y} \quad \ldots \ldots \quad (44)$$

Da $L - h \cdot P_1$ konstant ist, so hat (44) eine gewisse Ähnlichkeit mit (33).

β) Ist $s \leqq h + y$, so wird genau ebenso produziert, wie im Falle der freien Konkurrenz, also entsprechend der Formel (41).

e) Eine besondere Lage ergibt sich im Falle modifizierter Konkurrenz. Hier können wir die Gesamtkosten als eine Summe von zwei Funktionen auffassen: $K_1(x_1) + C(x_1 - y)$, wobei C die von der abzusetzenden Menge $x_1 - y$ abhängigen Absatzkosten sind, die für y nicht in Frage kommen. Hier erscheint (36) in der Form:

$$P_1 - K'_1(s) - C'(s_1 - y) = 0.$$

Dadurch ist s_1 als Funktion von y definiert. Aus (40) folgt:

$$V = P_1 - \frac{s_1 \cdot P_1 - K_1 - C(s_1 - y)}{y} + \frac{L}{y}.$$

Der Zähler des ersten Bruches ist über C und s_1 von y abhängig. Wir haben also einen ähnlichen Fall, wie in (43): der Verrechnungspreis ist vom Marktpreis wesentlich verschieden.

4. Komplizierter wird das Problem, wenn beide Betriebe mehrere Güter produzieren. Hier müssen wir zwecks übersichtlicher Darstellung die Vektorrechnung anwenden. Bezeichnen wir die vom Betriebe Nr. 1 produzierten Mengen mit x_k ($k = 1, 2, \ldots, n$), die vom Betriebe Nr. 2 angeforderten Mengen mit y_k ($k = 1, 2, \ldots n$) und die vom Betriebe Nr. 2 produzierten Mengen (sämtlich in der Zeiteinheit) mit z_i ($i = 1, 2, 3 \ldots, m$), ferner den Vektor ($x_1, x_2, \ldots x_n$) mit $\mathfrak{x}$, den Vektor ($y_1, y_2, \ldots, y_n$) mit $\mathfrak{y}$, den Vektor ($z_1, z_2, \ldots z_m$) mit $\mathfrak{z}$, den Preisvektor aller $n + m$ Güter mit $\mathfrak{P}$, schließlich die Verrechnungspreise mit V_k ($k = 1, 2, \ldots n$) und den Vektor ($V_1, V_2, \ldots V_n$) mit $\mathfrak{V}$, so haben wir, indem wir jedem Gut eine Koordinate im ($n + m$)-dimensionalen Raume zuordnen:

$$G = (\mathfrak{x} - \mathfrak{y} + \mathfrak{z}) \cdot \mathfrak{P} - K_1(\mathfrak{x}) - H(\mathfrak{y}, \mathfrak{z}) = G(\mathfrak{x}, \mathfrak{y}, \mathfrak{z})$$

$$G_2 = \mathfrak{z} \cdot \mathfrak{P} - \mathfrak{y} \cdot \mathfrak{P} - H(\mathfrak{y}, \mathfrak{z}) = G_2(\mathfrak{x}, \mathfrak{y}, \mathfrak{z})$$

Es muß sein $\operatorname{grad} G_2 = \{0\}$ dann und nur dann, wenn $\operatorname{grad} G = \{0\}$ ist. Das wird erreicht, indem man $\operatorname{grad} G_2 = \operatorname{grad} G$ setzt. Dann kann sich aber G_2 von G nur um eine beliebige Konstante L unterscheiden. Wir haben somit:

$$L = (\mathfrak{x} - \mathfrak{y}) \cdot \mathfrak{P} - K_1(\mathfrak{x}) + \mathfrak{y} \cdot \mathfrak{V}$$

und schließlich:

$$\mathfrak{y} \cdot \mathfrak{V} = (\mathfrak{y} - \mathfrak{x}) \cdot \mathfrak{P} + K(\mathfrak{x}) + L$$

Mit anderen Worten: Für die Gesamtheit der vom Betriebe Nr. 2 beim Betriebe Nr. 1 in der Zeiteinheit angeforderten Gutsmengen wird der Betrieb Nr. 2 vom Betriebe Nr. 1 mit den Gesamtkosten der Produktion des Betriebes Nr. 1 belastet und mit dem Erlös des Betriebes Nr. 1 auf dem Markt erkannt. Zu einem dieser Posten kommt eine beliebige Konstante hinzu. Ein Verrechnungspreis läßt sich für das einzelne Gut im allgemeinen nicht konstruieren. Eine Ausnahme hiervon ist gegeben, wenn auf dem Markte des Betriebes Nr. 1 freie Konkurrenz herrscht und auch die übrigen Preise von $\mathfrak{x}$ unabhängig sind, wenn also die Gleichung gilt:

$$\sum_{1}^{n} {}_k y_k \cdot V_k = - \sum_{1}^{n} {}_k (x_k - y_k) \cdot P_k + K_1(\mathfrak{x}) + L.$$

Hier ergibt sich der günstigste $\mathfrak{x}$-Vektor aus den Gleichungen:

$$\operatorname{grad} G = \{0\}, \text{ d. h. aus: } P_k = \frac{\partial K_1}{\partial x_k}$$

die Wurzeln dieser n-Gleichungen bezeichnen wir mit s_k, den Vektor $(s_1, s_2, \ldots, s_n)$ mit $\mathfrak{\hat{s}}$. Die s_k ergeben sich unabhängig von $\mathfrak{y}$ und von $\mathfrak{z}$. Wir haben nun:

$$\sum_{1}^{n} {}_k y_k \cdot V_k = \sum_{1}^{n} {}_k y_k \cdot P_k - \left[\sum_{1}^{n} {}_k s_k \cdot P_k - K_1(\mathfrak{\hat{s}}) \right] + L \text{ oder}$$

$$\sum_{1}^{n} {}_k y_k \cdot V_k = \sum_{1}^{n} {}_k y_k \cdot P_k \quad \ldots \ldots \ldots \quad (45)$$

wenn wir zunächst die willkürliche Konstante L der konstanten Größe $\sum_{1}^{n} {}_k s_k \cdot P_k - K_1(\mathfrak{\hat{s}})$ gleich setzen. (45) gilt nur dann für jeden Wert von jedem y_k, wenn $V_k = P_k$ ist, d. h. also, wenn:

$$\mathfrak{V} = \mathfrak{P}.$$

Wir haben also im Falle der freien Konkurrenz dieselbe Situation für die verbundene Produktion, wie für die einfache. Es ändert sich nichts wenn wir

$$V_k = P_k + \frac{M_k}{y_k}$$

setzen. Bezeichnen wir die Konstante

$$\sum_{1}^{n} {}_k M_k \text{ mit } M,$$

so haben wir:

$$\sum_{1}^{n} {}_k y_k \cdot V_k = \sum_{1}^{n} {}_k y_k \cdot P_k + M$$

oder:

$$\mathfrak{y} \cdot \mathfrak{V} = \mathfrak{y} \cdot \mathfrak{P} + M.$$

VI. Das statische Gleichgewicht bei gegebener Verteilung der Unternehmungen (Kap. 4, § 1, I).

Wir ordnen den n Warenarten unseres Systems einen n-dimensionalen Zahlenraum zu. Ferner numerieren wir unsere m Wirtschaftsindividuen, die teils Unternehmungen, teils natürliche Individuen sind. Das Angebots eines Wirtschaftsindividuums Nr. μ betrachten wir als einen Vektor und bezeichnen ihn mit $\mathfrak{x}_\mu$. Die Komponenten dieses Vektors sind insoweit gleich Null, als die entsprechenden Güter vom betreffenden Individuum nicht angeboten werden. Der Angebotsvektor einer Unternehmung ist nichts anderes als ihr Produktsvektor. Entsprechend definieren wir den Vektor $\mathfrak{y}_\mu$ als den Nachfragevektor des Wirtschaftsindividuums Nr. μ. Für eine Unternehmung ist $\mathfrak{y}_\mu$ nichts anderes als ihr Aufwandsvektor, wobei das verwendete Kapital ebenfalls als Aufwandsgeschwindigkeit, nämlich als Kapitaldisposition in der Zeiteinheit, aufgefaßt wird. $\mathfrak{P}$ ist der allgemeine Preisvektor.

1. Das individuelle Gleichgewicht der Unternehmung.[1]

Der Unternehmung ist eine Produktionsfunktion zugeordnet, die den Aufwands- und den Produktsvektor miteinander verknüpft. Da im Aufwandsvektor die Kapitaldisposition enthalten ist, so ist die Produktionsfunktion vom Preisvektor abhängig. Sie hat also die allgemeine Form:[2]

$$\varphi\,(\mathfrak{x} - \mathfrak{y},\ \mathfrak{P}) = 0 \ \ldots \ldots \ldots \ldots (46)$$

Diese Funktion hat folgende Bedeutung: $\mathfrak{P}$ wird — da es sich um freie Konkurrenz handelt — für die betreffende Unternehmung als gegeben betrachtet. Soll irgendein $\mathfrak{x}$ produziert werden, so sind alle $\mathfrak{y}$, die mit jenem $\mathfrak{x}$ der Gleichung (46) genügen, Aufwandsvektoren, die technisch geeignet sind, $\mathfrak{x}$ herzustellen; ist ein Aufwandsvektor $\mathfrak{y}$ gegeben, so sind alle $\mathfrak{x}$, die mit jenem $\mathfrak{y}$ der Gleichung (46) genügen, Produktsvektoren, die mit $\mathfrak{y}$ hergestellt werden können. Die Unternehmung sucht das innere Vektorenprodukt

$$(\mathfrak{x} - \mathfrak{y}) \cdot \mathfrak{P}$$

zu einem Maximum mit der Nebenbedingung (46) zu machen, wobei $\mathfrak{P}$ wie gesagt, konstant ist. Die Maximumbedingung lautet hier:
Die Matrix

$$\begin{pmatrix} \mathfrak{P} \\ \mathrm{grad}_{(\mathfrak{x}\, -\, \mathfrak{y})}\, \varphi \end{pmatrix} \cdot \ \ldots \ldots \ldots \ldots (47)$$

ist für die realisierten Werte von $\mathfrak{x}$ und $\mathfrak{y}$ vom Range 1.

Im allgemeinen kann man annehmen, daß die von Null verschiedenen Komponenten des Produktsvektors beim Aufwandsvektor Nullkomponenten sind und umgekehrt. Für jede auf Grund von (46) existie-

---

[1] cf. Pareto, Manuel 1927, Appendice, Nr. 77 ff.
[2] Den Index, der die Nummer der Unternehmung angibt, können wir hier fortlassen.

rende partielle Ableitung einer Komponente y_k von $\mathfrak{y}$ nach einer Komponente x_i von $\mathfrak{x}$ $(i = 1, 2, \ldots, n;\ k = 1, 2, \ldots, n)$ gilt die Gleichung:

$$\frac{P_i}{P_k} = \frac{\partial y_k}{\partial x_i} \quad \text{oder} \quad P_i = \frac{\partial y_k}{\partial x_i} \cdot P_k \quad \ldots \ldots \ (48)$$

Es gibt stets genau $n - 1$ von einander unabhängige Gleichungen (48), so daß aus (46) und aus (48) bei gegebenen Preisproportionen die von der Unternehmung zu realisierenden Vektoren im allgemeinen bestimmt sind, allerdings für die Kapitalkomponente nur bis auf einen von der absoluten Höhe des Preisniveaus abhängigen Faktor. Gleichbedeutend mit (48) ist das Gleichungssystem:

$$\frac{P_k}{P_i} = \frac{\partial x_i}{\partial y_k} \quad \text{oder} \quad P_k = \frac{\partial x_i}{\partial y_k} \cdot P_i \quad \ldots \ldots \ (49)$$

$\dfrac{\partial y_k}{\partial x_i}$ ist das Mengenmaß und $\dfrac{\partial y_k}{\partial x_i} \cdot P_k$ das Wertmaß des Grenzaufwandes, der zur Produktion des Produktes Nr. i aus dem Produktionsmittel Nr. k gemacht werden muß; $\dfrac{\partial x_i}{\partial y_k}$ ist das Mengenmaß und $\dfrac{\partial x_i}{\partial y_k} \cdot P_i$ das Wertmaß des Grenzertrages, der durch den Aufwand des Produktionsmittels Nr. k zur Herstellung des Produktes Nr. i erzielt wird.

(48) bedeutet somit, daß der wertmäßige Grenzaufwand für ein Produkt aus irgendeinem Produktionsmittel dem Preise des Produktes gleich ist, (49) bedeutet analog, daß der wertmäßige Grenzertrag eines Produktionsmittels in jedem Produkt dem Preise des Produktionsmittels gleich ist. Aus (48) folgt, daß die wertmäßigen Grenzaufwände aller Produktionsmittel für jedes Produkt einander gleich sind; aus (49) folgt, daß die wertmäßigen Grenzerträge in allen Produkten für jedes Produktionsmittel einander gleich sind.

2. Das individuelle Gleichgewicht des natürlichen Individuums.

Das natürliche Individuum, das wir zum Unterschiede von der produzierenden Unternehmung als Konsumenten bezeichnen wollen, ist Anbieter von Produktionsmitteln und Nachfrager von Produkten. Auch bei ihm ist also ein Angebotsvektor $\mathfrak{x}$ und ein Nachfragevektor $\mathfrak{y}$ zu unterscheiden. Seine „Bilanzgleichung"[1] lautet:

$$(\mathfrak{x} - \mathfrak{y}) \cdot \mathfrak{P} = 0 \quad \ldots \ldots \ldots \ (50)$$

Er sucht seine Ophelimitätsfunktion oder Ophelimitäts-Indexfunktion[2]

$$J = f(\mathfrak{x} - \mathfrak{y}, \ \mathfrak{P})$$

zu einem Maximum mit der Nebenbedingung (50) zu machen, wobei $\mathfrak{P}$ konstant ist, da Konkurrenzwirtschaft vorausgesetzt wird. Die Ophe-

---

[1] cf. Pareto, Manuel, 1927, Appendice, Nr. 80, Gl. (B).
[2] cf. Pareto, Manuel, 1927, Appendice, Nr. 1ff.

limitätsfunktion bezieht sich auf den Gesamtzustand des Konsumenten, also sowohl auf sein Angebot als auch auf seine Nachfrage. Der Parameter $\mathfrak{P}$ ist eingeführt, weil das Angebot des Kapitalisten nicht unabhängig vom Preisvektor definiert werden kann.

Wir erhalten eine dem Ausdruck (47) analoge Maximumbedingung: Die Matrix

$$\left(\operatorname*{grad}_{(\mathfrak{x} - \mathfrak{y})} f \right) \quad \ldots \ldots \ldots \quad (51)$$

ist für die realisierten Werte von $\mathfrak{x}$ und $\mathfrak{y}$ vom Range 1.

Die aus (51) in ähnlicher Weise wie (48) und (49) aus (47) herzuleitenden Gleichungen:

$$\frac{f'_{\mathrm{i}}}{P_{\mathrm{i}}} = \frac{f'_{\mathrm{k}}}{P_{\mathrm{k}}} \quad \ldots \ldots \ldots \ldots \quad (52)$$

beinhalten den bekannten Satz vom Ausgleich des Grenznutzenniveaus.[1]

3. Das allgemeine Gleichgewicht.

Der Gesamtangebotsvektor $\mathfrak{A}$ unserer n Wirtschaftsindividuen ergibt sich durch den Ausdruck:

$$\mathfrak{A} = \sum_{1}^{\mathrm{m}} {}^{\mu} \mathfrak{x}_{\mu}. \quad \ldots \ldots \ldots \ldots \quad (53)$$

Der Gesamtnachfragevektor $\mathfrak{N}$ ergibt sich durch den Ausdruck:

$$\mathfrak{N} = \sum_{1}^{\mathrm{m}} {}^{\mu} \mathfrak{y}_{\mu} \quad \ldots \ldots \ldots \ldots \quad (54)$$

Durch (46) und (47) sowie durch (50) und (51) ist jedes $\mathfrak{x}_{\mu}$ und jedes $\mathfrak{y}_{\mu}$ als Funktion von $\mathfrak{P}$ definiert. Wegen (53) und (54) gilt dasselbe auch für $\mathfrak{A}$ und $\mathfrak{N}$. Da der Konkurrenzmechanismus auf den Ausgleich von Angebot und Nachfrage hinwirkt, so erhalten wir als System von n Bestimmungsgleichungen für den Preisvektor $\mathfrak{P}$ den Ausdruck:

$$\mathfrak{A}\,(\mathfrak{P}) = \mathfrak{N}\,(\mathfrak{P}) \quad \ldots \ldots \ldots \ldots \quad (55)$$

Dieser Ausdruck bestimmt $\mathfrak{P}$ bis auf einen Proportionalitätsfaktor, da, wie bereits erwähnt, $\mathfrak{x}$ und $\mathfrak{y}$ von der absoluten Preishöhe unabhängig sind.

VII. Der Satz von der vollständigen Zurechnung im statischen Gleichgewicht (Kap. 4, § 1, III).

Wir nehmen einen vereinfachten Fall an, der alle wesentlichen Voraussetzungen enthält: Unsere Unternehmung produziert ein Produkt mit der Produktionsgeschwindigkeit x und dem Preise P und verwendet hiezu drei Produktionsmittel mit den Aufwandsgeschwindigkeiten y_1,

---

[1] cf. Pareto, Manuel, 1927, Appendice, Nr. 80, Gl. (A).

y_2, y_3 und den Preisen Q_1, Q_2, Q_3. Alle Preise sind für die Unternehmung — entsprechend der konkurrenzwirtschaftlichen Voraussetzung — gegeben. Dann läßt sich die allgemeine Produktionsfunktion (46) in der vereinfachten Form schreiben:

$$x = f(y_1, y_2, y_3) \quad \ldots \ldots \ldots \ldots (56)$$

Die Gesamtkosten von x sind:

$$K(x) = y_1 \cdot Q_1 + y_2 \cdot Q_2 + y_3 \cdot Q_3 \quad \ldots \ldots \ldots (57)$$

Die tatsächlich realisierte Produktionsgeschwindigkeit bezeichnen wir, wie immer, mit s; die realisierten Aufwandsgeschwindigkeiten bezeichnen wir mit t_1, t_2 und t_3.

Der Gewinn ist:

$$x \cdot P - K(x) = P \cdot f(y_1, y_2, y_3) - (y_1 \cdot Q_1 + y_2 \cdot Q_2 + y_3 \cdot Q_3)$$

Sein Maximum bestimmt t_1, t_2 und t_3 und über (56) die Größe s. Die Bestimmungsgleichungen für t_1, t_2, t_3 sind:

$$\left.\begin{array}{l} P \cdot f'_1(t_1, t_2, t_3) = Q_1 \\ P \cdot f'_2(t_1, t_2, t_3) = Q_2 \\ P \cdot f'_3(t_1, t_2, t_3) = Q_3 \end{array}\right\} \quad \ldots \ldots \ldots (58)$$

(58) ist nichts anderes als das Gleichungssystem (49). Satz XXXIX besagt, daß die Preise der statischen Wirtschaft jede Unternehmung dazu führen, ihr Betriebsoptimum zu realisieren, also das Minimum von

$$\frac{K(x)}{x} = \frac{y_1 \cdot Q_1 + y_2 \cdot Q_2 + y_3 \cdot Q_3}{f(y_1, y_2, y_3)} \quad \ldots \ldots (59)$$

Wir erhalten das Minimum von (59) aus den drei Gleichungen:

$$\left.\begin{array}{l} s \cdot Q_1 - f'_1(t_1, t_2, t_3) \cdot K(s) = 0 \\ s \cdot Q_2 - f'_2(t_1, t_2, t_3) \cdot K(s) = 0 \\ s \cdot Q_3 - f'_3(t_1, t_2, t_3) \cdot K(s) = 0 \end{array}\right\} \quad \ldots \ldots (60)$$

Multiplizieren wir die erste der Gleichungen (60) mit t_1, die zweite mit t_2 und die dritte mit t_3 und addieren wir sie dann, so erhalten wir:

$$s \cdot K(s) - (t_1 \cdot f'_1 + t_2 \cdot f'_2 + t_3 \cdot f'_3) \cdot K(s) = 0$$

oder schließlich nach einiger Umformung:

$$f(t_1, t_2, t_3) = t_1 \cdot f'_1 + t_2 \cdot f'_2 + t_3 \cdot f'_3 \quad \ldots \ldots (61)$$

Das besagt: Im statischen Gleichgewichtszustand ist die Summe der in der Zeiteinheit aufgewendeten, mit ihren Grenzproduktivitäten multiplizierten Produktionsmittelmengen dem Gesamtprodukt gleich. Die Gleichungen (58) zeigen, daß in der erwerbswirschaftlichen Konkurrenzwirtschaft nach Grenzproduktivitäten zugerechnet wird. (61) zeigt, daß diese Zurechnung restlos aufgeht.

Die Gleichung (61) ist eine notwendige, jedoch nicht hinreichende Bedingung für die Existenz eines statischen konkurrenzwirtschaftlichen Gleichgewichts. Ist also die allgemeine Produktionsfunktion einer Volkswirtschaft so beschaffen, daß (61) für keinen Aufwandsvektor erfüllt ist, so ist die konkurrenzwirtschaftliche Organisationsform in Verbindung mit dem erwerbswirtschaftlichen Prinzip nicht realisierbar. Hier zeigt sich ganz deutlich die Abhängigkeit der sozialwirtschaftlichen Organisationsform von den Produktionsverhältnissen, d. h. von der technischen Situation.

B. Verallgemeinerung der Gesamtkostenfunktion.[1]

Die meisten abgeleiteten Sätze gelten nicht für jede denkbare Gesamtkostenfunktion. Wir haben ausdrücklich die Voraussetzung der Regularität gemacht. Die abgeleiteten Sätze gelten also zunächst nur für Gesamtkostenfunktionen, die dieser Voraussetzung genügen. Wir wollen hier untersuchen, wie weit jene Sätze auch auf den allgemeinen Fall ausgedehnt werden können.

Zur Begründung des Satzes XXII wurde subsidiär die Tatsache benutzt, daß sehr kleine Wertgrößen ökonomischerweise vernachlässigt werden dürfen. Wir erheben hier diese Tatsache zu einem grundlegenden Prinzip:

Jede willkürliche Abänderung der Gesamtkostenfunktion, durch welche die Gewinnfunktion nur um einen zu vernachlässigenden Betrag α abgeändert wird, ist erlaubt. Hiebei kann α beliebig klein festgesetzt werden (z. B.: $\alpha = 0,0001$ Pf.).

Daß diese Festsetzung gemacht werden darf und daß die ökonomischen Ergebnisse durch sie unbeeinflußt bleiben, ist wohl ohne weiteres einleuchtend.

Jetzt können wir nachfolgenden Satz beweisen:

(XXXX) Die Gesamtkostenfunktion läßt sich stets durch eine eindeutige, monoton steigende Funktion darstellen, die in jedem beliebigen endlichen Intervall nur endlich viele Unstetigkeitsstellen hat und überall dort, wo sie stetig ist, auch regulär ist.

Die Gesamtkostenfunktion ist eindeutig und monoton;[2] schon daraus folgt, daß Unstetigkeiten nur durch Sprung vorkommen. Die Gesamtkostenfunktion hat an den Unstetigkeitsstellen zwei Grenzwerte, einen linksseitigen und einen rechtsseitigen. Der linksseitige ist stets der kleinere. Wir wollen festsetzen (was auf Grund des Spielraums α immer möglich ist), daß stets der linksseitige Grenzwert auch Funktionswert der Unstetigkeitsstelle sein soll. Die Differenz der beiden Grenzwerte ist der Sprung, oder, wie man sie allgemein nennt, die Schwankung. Eine Unstetigkeitsstelle ist dadurch gekennzeichnet, daß ihre Schwankung von Null verschieden ist.

Haben wir zwei beliebige Produktionsgeschwindigkeiten x_1 und x_2, so gilt wegen der Monotonie der Gesamtkostenfunktion, daß die Summe

---

[1]) Wir führen die Überlegung für die Theorie der Produktionslänge durch. Eine entsprechende Verallgemeinerung für die Theorie der Produktionsrichtung läßt sich ganz analog entwickeln.

[2]) Kap. 1, § 1, III, 2.

der Schwankungen aller Unstetigkeitsstellen im Intervall (x_1, x_2) nicht größer sein kann als die Differenz der beiden zu x_1 und x_2 zugehörigen Gesamtkostenwerte, also $|K(x_1) - K(x_2)|$. Hieraus folgt aber, daß es nur endlich viele Unstetigkeitsstellen gibt, deren Schwankungen größer als α sind. Es kann nämlich die Anzahl dieser Stellen nicht größer sein als der Quotient

$$\frac{K(x_2) - K(x_1)}{\alpha}$$

Alle Unstetigkeitsstellen, deren Schwankung kleiner ist als α, dürfen vernachlässigt werden. Denn in ihrer Umgebung können die Gesamtkostenwerte so verändert werden, daß sie sich um weniger als α von den ursprünglichen Werten unterscheiden und die neudefinierte Gesamtkostenfunktion stetig verläuft. Ferner können wir überall dort, wo die Funktion stetig ist, durch Änderungen, welche geringer sind als α, Regularität herbeiführen. Somit ist unser Satz bewiesen.

Für jede beliebige Gesamtkostenfunktion lassen sich Durchschnittskosten und durchschnittliche variable Kosten stets ohne weiteres berechnen. Durch den soeben bewiesenen Satz werden wir in die Lage versetzt, auch eine Grenzkostenfunktion für die allgemeine Gesamtkostenfunktion zu konstruieren. Wir wollen im folgenden die Unstetigkeitsstellen mit u bezeichnen und numerieren. Zwei benachbarte Unstetigkeitsstellen bilden ein Regularitätsintervall. In seinem Inneren ist die Bildung der Grenzkostenfunktion ohne weiteres klar. Wie wir die Grenzkostenfunktion zweckmäßigerweise an den Unstetigkeitsstellen bestimmen müssen, wollen wir jetzt untersuchen.

Die Grenzkosten einer Produktionsgeschwindigkeit begründen zugleich eine bestimmte Aussage über die Gesamtkosten dieser Produktionsgeschwindigkeit. Hieraus folgt, daß nur die linksseitigen Ableitungen an den Unstetigkeitsstellen für die Festsetzung der Grenzkostenfunktion an diesen Stellen maßgebend sind. Die Grenzkostenfunktion brauchten wir zur Bestimmung des Betriebsminimums, des Betriebsoptimums und des Betriebsangebotes. Die betreffenden Produktionsgeschwindigkeiten ergaben sich jeweils als Abszissen der Schnittpunkte der Grenzkosten mit den entsprechenden Kurven. In unserem Falle können jeweils mehrere solche Schnittpunkte im Innern der Regularitätsintervalle vorkommen. Dann sind die Ergebnisse miteinander zu vergleichen. Ferner können aber auch die betreffenden Produktionsgeschwindigkeiten an einer Unstetigkeitsstelle liegen. Damit formal jede von den betreffenden ausgezeichneten Produktionsgeschwindigkeiten sich auf Grund eines Schnittpunktes ergibt, bestimmen wir die Grenzkostenwerte an den Unstetigkeitsstellen wie folgt.

Grenzkosten einer Unstetigkeitsstelle sind:

1. Die linksseitige Ableitung der Gesamtkostenfunktion an dieser Stelle.

2. Alle Werte, die größer sind als diese Ableitung.

Durch diese Festsetzung bleiben alle abgeleiteten Gesetze auch für die allgemeine Gesamtkostenfunktion des einfachen Angebotes gewahrt. Diese Tatsache läßt sich genauer mathematisch beweisen. Aber dieser Beweis ist umständlich und bereichert die ökonomische Erkenntnis nicht wesentlich. Deshalb bringen wir ihn nicht. Die Ausführungen des vorliegenden Abschnittes haben überhaupt nur einen prinzipiellen Wert. Sie sollen die Geltung der abgeleiteten Sätze möglichst erweitern.

Zum Schluß sei noch kurz eine analytische Formulierung der dargelegten Tatsachen gegeben.

Die Gesamtkostenkurve $K(x)$ ist regulär wenn $u_n < x < u_{n+1}$, (wobei $n = 1, 2 \dots$). Es gilt:

$$K(u_n) = \lim_{x \to u_n - 0} K(x)$$

Dadurch ist $K(x)$ für alle $x > 0$ definiert. Hieraus ergeben sich auch $K^*(x)$ und $K_{II}^*(x)$. Sie haben dieselben Unstetigkeitsstellen wie $K(x)$.

$K'(x)$ ist für $u_n < x < u_{n+1}$ durch die Gleichung:

$$K'(x) = \frac{d\,K(x)}{d\,x}$$

definiert. Ferner gilt:

$$K'(u_n) \geqq \lim_{x \to u_n - 0} K'(x)$$

K' ist also in u_n unendlich vieldeutig.

Diese Beziehungen und die Anwendung der früher abgeleiteten Gesetze sind im zweiten Beispiel des Anhangs D dargestellt[1])

C. Bemerkungen zur Kostentheorie Eugen Schmalenbachs.

§ 1. Theorie der einfachen Produktion.

Im Mittelpunkt der deutschen kostentheoretischen Literatur stehen die Werke Eugen Schmalenbachs, insbesondere seine „Grundlagen der Selbstkostenrechnung und Preispolitik".[2]) Diese Schrift, 1909 zuerst als Aufsatz in der „Zeitschrift für handelswissenschaftliche Forschung" erschienen, stellt das Fundament für die heutige deutsche Kostenlehre dar. Deshalb erscheint es gerechtfertigt, eine Würdigung der Hauptsätze jener Arbeit vorzunehmen. Hiedurch wird gleichzeitig eine theoretische Anwendungsmöglichkeit der formalen Kostentheorie, nämlich die Analyse nicht mathematisch fundierter Kostentheorien, aufgezeigt.

Die drei wesentlichen Punkte der Kostenlehre Schmalenbachs sind:

---

[1]) Eine Besonderheit ergibt sich, wenn es für die Produktionsgeschwindigkeit eine obere Grenze gibt, über die sie, vielleicht aus technischen Gründen, nicht steigen kann. Dann ist die Gesamtkostenfunktion nur zwischen 0 und dieser oberen Grenze definiert. Hier betrachten wir die obere Grenze der Produktionsgeschwindigkeiten als eine Unstetigkeitsstelle der Gesamtkostenfunktion. Das übrige ergibt sich dann aus den gemachten Ausführungen. Ein Beispiel für diesen Sachverhalt ist die Ziegeleifabrik (cf. Enquete-Ausschuß I, 3. Arb.-Gr., zweiter Teil, 2, S. 186).

[2]) 5. Auflage, Leipzig 1930.

I. Die Einteilung der Kosten;
II. Der „proportionale Satz“;
III. Die „Kostenauflösung“.

I.

Die Einteilung der Kosten.

Schmalenbach unterscheidet fixe, degressive, proportionale und progressive Kosten.

1. **Fixe Kosten**: Schmalenbach definiert sie wie folgt: „Ihre (der fixen Kosten; der Verf.) Natur ... besteht darin, daß sie durch schwankenden Beschäftigungsgrad nicht beeinflußt werden“.[1] Unter Beschäftigungsgrad versteht Schmalenbach „die Masse der jeweils erzeugten Produkte“.[2] Vermutlich ist hier zu ergänzen: „Die Masse der jeweils in der Zeiteinheit erzeugten Produkte.“ Dann deckt sich der Begriff des Beschäftigungsgrades bei Schmalenbach mit unserem Begriff des Produktionsniveaus. Somit sind die fixen Kosten nichts andres als unsere konstanten Kosten K_I. Dieser eindeutige und unseres Erachtens auch zweckmäßige Begriff der fixen Kosten wird aber bei der Darstellung der „Kostenzerlegung“ anscheinend nicht beibehalten, so daß wir, um Mißverständnisse zu verhüten, die Bezeichnung „konstante Kosten“ verwendet haben, wobei das Wort „konstant“ genau dem mathematischen Charakter dieser Kostenfunktion entspricht.

Häufig wird von betriebswirtschaftlicher Seite erklärt, auch die fixen Kosten seien vom Beschäftigungsgrade nicht unabhängig, sondern änderten sich sprunghaft mit steigendem Beschäftigungsgrad. Dies ist aber offenbar nur dann der Fall, wenn man den Begriff „fixe Kosten“ anders definiert, als es Schmalenbach getan hat. Es werden dann nämlich auch die „Sprung-Kosten“ mit zu den fixen Kosten gerechnet. Unseres Erachtens ist diese Erweiterung des Begriffes „fixe Kosten“ unzweckmäßig. Vielmehr scheint es uns empfehlenswert, eben den besonderen Begriff „Sprung-Kosten“ einzuführen.

2. **Degressive Kosten**: Schmalenbach definiert sie wie folgt: „Degressive Gesamtkosten sind dadurch gekennzeichnet, daß die gesamten Kosten mit steigendem Beschäftigungsgrad zwar steigen, daß aber die Steigung geringer ist als die Steigung der Produktion.“[3] Diese Definition ist sinngemäß und auf Grund der in der „Selbstkostenrechnung“ vorliegenden Zahlenbeispiele dahin zu interpretieren, daß die Kostensteigerung relativ zur Gesamtkostenhöhe geringer ist, als die Steigung der Produktionsgeschwindigkeit relativ zur Produktionsgeschwindigkeit selbst. Es soll also sein:

$$\frac{K\,(x + \Delta\,x) - K\,(x)}{K\,(x)} < \frac{\Delta\,x}{x}$$

---

[1] l. c. S. 37.
[2] l. c. S. 32.
[3] l. c. S. 37.

8*

wenn Δx positiv und hinreichend klein ist. Hieraus folgt

$$\frac{K(x + \Delta x) - K(x)}{\Delta x} < \frac{K(x)}{x} = K^*(x)$$

oder im Grenzübergang:

$$K'(x) < K^*(x)$$

Die Ungleichung ist dann erfüllt, wenn die Durchschnittskosten fallen (cf. Satz III und III a). Dies entspricht auch dem erwähnten Zahlenbeispiel Schmalenbachs.

Wir können feststellen, daß sich unsere Definition der degressiven Kosten mit der Definition Schmalenbachs deckt. Es gilt also: Degressive Kosten sind Kosten, deren Durchschnitt mit steigender Produktionsgeschwindigkeit sinkt.

3. Proportionale Kosten: Schmalenbach charakterisiert sie folgendermaßen: „Geht der Beschäftigungsgrad auf die Hälfte zurück, so fallen die Kosten auf die Hälfte; geht die Menge der Erzeugung auf das Doppelte hinauf, so steigen die Kosten auf das Doppelte."[1] Allgemein gilt hier also:

$$K(x) = x \cdot K(1)$$

und somit

$$K'(x) = K(1)$$

Wir haben also:

$$K^*(x) = \frac{x \cdot K(1)}{x} = K(1) = K'(x)$$

als Bedingung dafür, daß die Kosten „proportional" sind.

4. Progressive Kosten: Analog wie bei den degressiven Kosten zeigt man, daß die progressiven Kosten der Bedingung

$$K'(x) > K^*(x)$$

genügen, also auch hier unsere Definition der Schmalenbachschen folgt.

Die Einführung der Begriffe „degressiv" und „progressiv" zwecks kürzerer Ausdrucksweise ist sehr zweckmäßig. Dagegen erscheint der Begriff „proportionale Kosten" entbehrlich; denn die Gesamtkosten sind im allgemeinen nur in einem Punkte „proportional", nämlich im Betriebsoptimum. (Ebenso die variablen Kosten im Betriebsminimum.)

II.

Der proportionale Satz.

Sind x_1 und x_2 zwei verschiedene Werte der Produktionsgeschwindigkeit x, so ist der zugehörige proportionale Satz, den wir mit Q bezeichnen wollen:

$$Q = \frac{K(x_2) - K(x_1)}{x_2 - x_1}.$$

---

[1] l. c. S. 32.

Der proportionale Satz ist also der Differenzenquotient der Gesamtkostenfunktion, der zu den beiden Produktionsgeschwindigkeiten x_1
und x_2 gehört. Wir können auch abgekürzt schreiben:

$$Q = Q\,(x_1,\ x_2)$$

Schmalenbach hat den proportionalen Satz[1] zum „Kalkulationswert
in vielen Fällen" erklärt.[2] Die Bedeutung dieser Feststellung liegt
nicht so sehr auf theoretischem (der proportionale Satz ist nichts anderes
als ein Näherungswert für die Grenzkosten; die Grenzproduktivitäts-
theorie, die den Satz: „Grenzkosten gleich Preis" aufstellt, leitet ihre
Anfänge schon von Ricardo und Thünen her), als auf praktischem Gebiet;
Schmalenbachs Verdienst besteht darin, als erster diesen Wert als Kalkulationswert in die praktische Kostenrechnung eingeführt zu haben.
Er hat gezeigt, daß unter gewissen Voraussetzungen so produziert werden
muß, daß ein zur Umgebung der realisierten Produktionsgeschwindigkeit
zugehöriger proportionaler Satz dem Marktpreis ungefähr gleich ist.
Dieser Lehrsatz stimmt, wie aus unseren Ausführungen hervorgeht,
desto genauer, je weniger sich der proportionale Satz von den Grenzkosten
der realisierten Produktionsgeschwindigkeit unterscheidet.

III.

„Kostenzerlegung."

Länger als bei den eben behandelten Punkten müssen wir bei der
„Kostenzerlegung" verweilen. Gerade hierüber besteht außerordentlich

---

[1]) Zwei Formeln, die eine Verfeinerung des proportionalen Satzes darstellen: Wir bezeichnen die zu realisierende Produktionsgeschwindigkeit
mit s und den Marktpreis mit P. Haben wir $Q\,(x_1, x_2)$ und gilt $Q = P$, so ist

$$s \approx \frac{x_1 + x_2}{2}.$$

Haben wir $Q_1 = Q\,(x_1, x_2)$ und $Q_2 = Q\,(x_2, x_3)$ und ist $x_1 < x_2 < x_3$ sowie
$Q_1 < P < Q_2$, so gilt

$$s \approx \frac{x_1 + x_2}{2} + \frac{P - Q_1}{Q_2 - Q_1} \cdot \frac{x_3 - x_1}{2}.$$

Der Beweis ergibt sich, indem man die Gesamtkostenfunktion in dem betrachteten Intervall näherungsweise als Polynom zweiten Grades ansieht
und den Mittelwertsatz der Differentialrechnung anwendet.
In derselben Weise erhält man folgende Näherungsformel für die Grenzkosten $K'\,(x)$ der Produktionsgeschwindigkeit x: Sind x_1 und x_2 zwei Produktionsgeschwindigkeiten, die zu x benachbart sind, und gilt $x_1 < x < x_2$,
so haben wir, wenn wir $Q\,(x_1, x) = Q_1$ und $Q\,(x, x_2) = Q_2$ setzen:

$$K'\,(x) \approx \frac{(x_2 - x)\,Q_1 + (x - x_1)\,Q_2}{x_2 - x_1}.$$

[2]) l. c. S. 52. Auf S. 53 erklärt Schmalenbach, daß auch die Verrechnungspreise auf die Grenzkosten gesetzt werden müßten. Ein Vergleich
dieser Behauptung mit unseren Ausführungen im vierten Paragraphen des

viel Verwirrung und Mißverständnis. Schmalenbachs eigene Ausführungen sind nicht ganz klar und scheinen uns interpretationsbedürftig zu sein. Sie sind auch häufig interpretiert und ausgebaut worden. Aber wir kennen nur eine einzige Interpretation, die wir als vollkommen einwandfrei und einzig möglich bezeichnen können: Dies ist der Aufsatz von Dr. Kosiol: „Kostenauflösung und proportionaler Satz" in Z. f. h. F., 1927. Später ist auch ein Aufsatz von Dr. Kalischer erschienen („Der Widerspruch zwischen mathematischer und buchtechnischer Kostenauflösung", Z. f. h. F., April 1929), in welchem die Kostenauflösung richtig interpretiert wird. Jedoch geht Kalischer über die bloße Interpretation hinaus, indem er eine besondere Beachtung dem Falle schenkt, daß die Grenzkosten sinken, daß also das Gesetz des zunehmenden Ertrages gilt. Eine Untersuchung über diesen Fall fehlt bei Schmalenbach und dementsprechend auch bei Kosiol, da dieser eben rein interpretativ vorgeht. Deshalb können wir Kalischer nicht zustimmen, wenn er meint, Kosiol hätte sich durch Schmalenbachs Beispiel „irreführen lassen" (S. 177). Das Schmalenbachsche Beispiel zeigt auch nicht „etwas ungewöhnliche Verhältnisse", sondern ist einfach ein spezieller Fall, nämlich der, daß die Grenzkosten von Anfang an steigen, daß also der Betrieb dem Gesetze des abnehmenden Ertrages unterliegt.

Bezüglich der Interpretation der Schmalenbachschen „Kostenauflösung" berufen wir uns auf den oben zitierten Aufsatz von Kosiol, da wir dessen Ausführungen als endgültig ansehen. Wir können also zur Analyse übergehen.

Schmalenbach löst die Kosten in einen proportionalen und einen fixen „Bestandteil" auf. Es wäre jedoch ein Irrtum, zu meinen, der fixe Bestandteil hätte etwas mit den oben definierten fixen Kosten zu tun. Bei Schmalenbach ist dieser Punkt nicht ganz eindeutig. Kosiol zeigt dagegen die einzig mögliche Auffassung. Jedenfalls dürfte der Name „fixer Bestandteil" wenig glücklich gewählt sein. Die Tatsache allerdings, daß dieser „fixe Bestandteil" in der „Selbstkostenrechnung" im Beispiel auf Seite 45 (oben) als „fixe Kosten" bezeichnet wird, legt den Gedanken nahe, als ob auch Schmalenbach der Meinung ist, fixer Bestandteil und fixe Kosten seien identisch. Dieser Eindruck verstärkt sich durch Schmalenbachs Ausführungen in seinem „Kontenrahmen".[1] Hier scheint er tatsächlich der Auffassung zu sein, wie sie auch Maletz[2] vertritt, daß es nur fixe und proportionale Kosten gibt, und daß die degressiven und progressiven Kosten aus den beiden anderen Kategorien zusammengesetzt sind. Demgegenüber werden wir folgendes feststellen können: Vorausgesetzt, daß mit dem Ausdruck „proportional" wirklich der damit verbundene mathematische Begriff gemeint ist, läßt sich die in Frage stehende These bezüglich der progressiven Kosten überhaupt nicht, bezüglich der

---

3. Kapitels zeigt, daß wir dem nur dann zustimmen können, wenn für das abzurechnende Gut Marktgängigkeit bei freier Konkurrenz vorliegt.

[1] l. c. S. 31 ff.

[2] Z. f. h. F., 1926, S. 293.

degressiven Kosten nur dann aufrecht erhalten, wenn diese linear verlaufen, d. h. wenn die Gesamtkostenfunktion linear und degressiv ist.

Die Kostenzerlegung ist ein Verfahren folgender Art: Der proportionale Satz wird mit einer der beiden zugehörigen Produktionsgeschwindigkeiten multipliziert und das Produkt von den entsprechenden Gesamtkosten subtrahiert. Der Rest (in beiden Fällen kommt dieselbe Differenz
zustande) wird von Schmalenbach als fixer Bestandteil der Gesamtkosten
bezeichnet. Behalten wir unsere obigen Bezeichnungen bei und setzen
wir für den „fixen Bestandteil" das Symbol f, so haben wir:

$$K\,(x_1) - x_1 \cdot Q\,(x_1, x_2) = K\,(x_2) - x_2 \cdot Q\,(x_1, x_2) = f = f\,(x_1, x_2)$$

Über die Länge des Intervalls (x_1, x_2) findet sich bei Schmalenbach
keine ausdrückliche Festsetzung. Da er jedoch die Annahme macht,
daß die Gesamtkosten in diesem Intervall linear verlaufen,[1]) so muß
das Intervall klein sein; denn diese Annahme stimmt desto genauer,
je kleiner das Intervall ist, am genauesten also, wenn es gegen Null
konvergiert. Dann geht aber Q in K' über, und wir erhalten den „fixen Bestandteil" als Funktion der Produktionsgeschwindigkeit durch die Gleichung

$$f = K\,(x) - x \cdot K'\,(x) = f\,(x)$$

Im allgemeinen ist f in keinem noch so kleinen Intervall konstant.[2])
Es gibt nur einen Punkt, in dem f mit K_I übereinstimmt. Das ist das
Betriebsminimum. Setzen wir nämlich

$$K_I = f = K\,(x) - x \cdot K'\,(x)$$

so haben wir

$$x \cdot K'\,(x) = K\,(x) - K_I = K_{II}\,(x)$$

$$K'\,(x) = \frac{K_{II}\,(x)}{x} = K_{II}^{*}\,(x)$$

Diese Gleichung ist aber nur im Betriebsminimum erfüllt. Wir können
allerdings die Form einer Funktion bestimmen, die in ihrem Gesamt-
verlauf der Bedingung entspricht, daß der fixe Bestandteil den fixen
Kosten gleich ist. Dann muß nämlich die obige Gleichung für alle
Werte von x erfüllt sein. Die durch Integration dieser Differentialgleichung erhaltene Gesamtkostenfunktion ist linear. K' (Grenzkosten)
ist konstant. Die allgemeine Form einer solchen Funktion ist:

$$K\,(x) = K_I + x \cdot K'$$

Dies ist eine sehr spezielle Funktion, die überdies in der Konkurrenzwirtschaft nicht vorkommen kann, da sie dem Gesetz des konstanten
Ertrages unterliegt.[3])

---

[1]) l. c. S. 28. Schmalenbach braucht hier den Ausdruck „einheitlich"; gemeint ist wohl linear.

[2]) Will man die Größe Q nach dem Wortlaut des Schmalenbachschen
Textes in der zuerst angegebenen Weise von den beiden Beschäftigungsgraden
x_1 und x_2 abhängig sein lassen, also als Differenzenquotienten auffassen,
so bleibt das Ergebnis dasselbe. Die Darstellung würde erheblich komplizierter sein.

[3]) Deshalb ist es unzulässig, die Gesamtkostenfunktion einer konkurrenz-

Es ist vielleicht von Interesse, den Unterschied zwischen „fixen Kosten"
(= konstanten Kosten) und „fixem Bestandteil" geometrisch darzustellen.
In der Abb. 14 sind sowohl „fixe Kosten" als auch „fixer Bestandteil"
auf der Ordinatenachse abgetragen. „Fixe Kosten" werden durch die
Strecke $\overline{OA}$ gemessen. Der „fixe Bestandteil", der zu einer Produktionsgeschwindigkeit x gehört, ist jeweils die Strecke vom Ursprung bis zum
Schnittpunkt der Ordinatenachse und der Tangente an die Gesamtkostenkurve in dem Punkte, der zur betreffenden Produktionsgeschwindigkeit gehört. (Punkt
$[x,\ K(x)]$.)

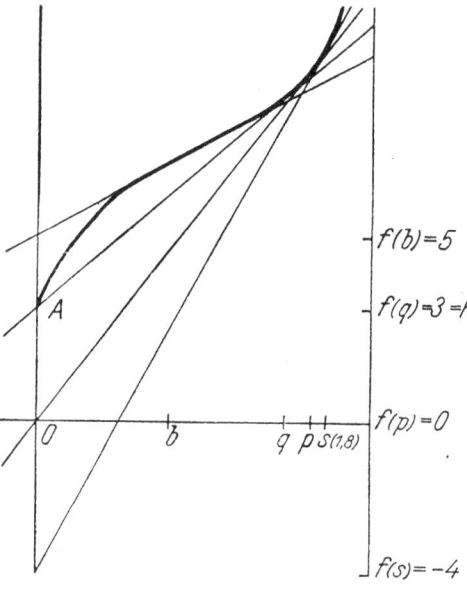

f ist positiv, wenn Kostendegression und negativ, wenn
Kostenprogression vorliegt. Man
kann also f oder $\dfrac{f}{K_{\mathrm{I}}}$ auch als
Maß der Degression, bzw. Pro-
gression verwenden. f stimmt
mit dem Verlust (wenn positiv),
bzw. mit dem Gewinn (wenn
negativ) überein, der entsteht,
wenn die Produktionsgeschwindigkeiten zu ihren Grenzkosten
(also in der Konkurrenzwirtschaft) angeboten werden. Es
ist jedoch unmöglich, von der
Höhe des „fixen Bestandteils"
ohne weiteres auf die Höhe der
„fixen Kosten" zu schließen.

Abb. 14

Wir fassen das Ergebnis
unserer Betrachtung zusammen:
1. Die Behauptung, degressive Kosten seien die Summe
eines „proportionalen" und eines „fixen" Bestandteils (ebenso die entsprechende Aussage für die progressiven Kosten), ist nichts anderes als
ein Teil der Definition des fixen Bestandteils.

2. Die Behauptung, degressive Kosten seien die Summe von proportionalen Kosten und fixen Kosten (im Sinne der ursprünglichen Definition der fixen Kosten), ist unrichtig. Es ist nicht möglich, eine beliebige
degressive Kostenfunktion zu erhalten, indem man zu den fixen Kosten,
also zu einer konstanten oder allenfalls treppenförmigen Funktion eine
lineare Funktion addiert.

3. Der Begriff „fixer Ertrag", der bei der Zerlegung der progressiven

wirtschaftlichen Unternehmung auch nur näherungsweise als linear zu betrachten, wie es Lehmann in seinem Aufsatze „Grundsätzliche Bemerkungen
zur Frage der Abhängigkeit der Kosten vom Beschäftigungsgrad" (Betriebs-
wirtschaftliche Rundschau, 1926, S. 146) vorschlägt.

Kosten aufgestellt wird, hat erst recht nichts mit den fixen Kosten zu tun.

4. Der Name „fixer Bestandteil" ist nicht zweckmäßig, da nicht einzusehen ist, welche Eigenschaft durch das Adjektiv „fix" angedeutet werden soll.

§ 2. Theorie der verbundenen Produktion.

Wir dürfen voraussetzen, daß der Inhalt des Abschnittes „Der Kalkulationswert bei Kuppelprodukten"[1]) genau bekannt ist, so daß sich ein wörtliches Zitieren erübrigt. Es handelt sich hier um die Produktion von zwei Gütern in einem festen Mengenverhältnis. Eine Besonderheit ergibt sich dadurch, daß die Nachfrageseite nach einer Verwendungsskala abgestuft ist, während die Kosten der Produktionsgeschwindigkeit proportional sind. Wir wissen, daß letzteres nur möglich ist, wenn die Unternehmung ein Monopol hat. In diesem Sinne können wir auch tatsächlich die Verwendungsskala deuten. Wir können nämlich folgendes annehmen: Bei Verkauf von 1000 kg des Produktes A erhält man für 100 kg 150 Mk und hat somit einen Erlös von 1500 Mk. Verkauft man nicht 1000 kg, sondern 1000 kg + 1500 kg = 2500 kg (sämtlich zu einem Preis), so wächst der Erlös von 1500 Mk auf 1500 Mk + $\dfrac{1500 \cdot 120}{100}$ Mk = = 3300 Mk. Somit ergibt der Mehrverkauf von 1500 kg einen Mehrerlös von 1800 Mk, also pro 100 kg 120 Mk. Ein Gesamterlös von 3300 Mk für 2500 kg bedeutet, daß diese für 132 Mk für 100 kg verkauft werden, und so weiter. Wir können also aus der Verwendungsskala eine Preisfunktion des Produktes A und ebenso des Produktes B ableiten.

Bezeichnen wir den Erlös einer bestimmten Menge x des Produktes A mit $E(x)$, so können wir, indem wir die erste Menge in der Verwendungsskala mit x_1, die Summe der ersten und der zweiten mit x_2, die Summe der ersten, zweiten und der dritten mit x_3 usw. bezeichnen, folgendermaßen die allgemeine Formel für die Aufstellung einer „Verwendungsskala" aus der Preisfunktion angeben:

Da für x_1 der Erlös $E(x_1)$ erhalten wird, so wird die Mengeneinheit von x_1 mit $\dfrac{E(x_1)}{x_1}$ bewertet. Dies ist aber nichts anderes, als der Preis von x_1, also $P(x_1)$. Der Zuwachs von $E(x_2)$ gegenüber $E(x_1)$ ergibt sich durch die zusätzliche Verkaufsmenge $x_2 - x_1$; der zweite Verwendungszweck erhält also als Bewertung der Mengeneinheit:

$$\frac{E(x_2) - E(x_1)}{x_2 - x_1};$$

ebenso für die dritte Zuwachsmenge $x_3 - x_2$:

$$\frac{E(x_3) - E(x_2)}{x_3 - x_2}$$

und so weiter.

---

[1]) l. c. S. 28 ff.

Wir sehen, daß wir es mit Differenzenquotienten der Funktion $E(x)$ zu tun haben. Indem wir die Zuwachsmengen eine Nullfolge durchlaufen lassen, erhalten wir die Angabe des Verwendungwertes der Mengeneinheit in einem beliebigen Punkte, d. h. den Wert pro Einheit, der einer minimalen Erhöhung einer bestimmten Produktionsgeschwindigkeit zukommt. Wir können also (und zwar ist dies die genauere Betrachtungsweise) an Stelle der Verwendungsskala einfach die Ableitung des Erlöses als Funktion der Produktionsgeschwindigkeit setzen. Wir haben mit anderen Worten an Stelle der Verwendungsskala die Grenzertragsfunktion $E'(x)$ zu setzen.

Ist der Preis konstant, herrscht also freie Konkurrenz, so besteht die Verwendungsskala nur aus einer Verwendungsstufe mit beliebiger Produktionsmenge und einem Verwendungswert, der dem Preise gleich ist. Im Beispiel, das wir bei Schmalenbach finden, haben wir es aber mit dem Monopol zu tun und müssen es auch, da die Kostenfunktion als linear angenommen wird. Auf Grund des Fundamentalsatzes der erwerbswirtschaftlichen Produktion muß der Grenzverwendungswert (d. h. Grenzertrag) den Grenzkosten gleich sein.

Das Beispiel, das Schmalenbach selbst bringt,[1]) soll in einer etwas abgeänderten Gestalt betrachtet werden. Wir haben es hier mit einem zweidimensionalen Vektor zu tun, dessen Komponenten x und y sind. Es gilt die feste Proportion: $x : y = 1 : 3$. Die Mengeneinheit soll durch den Vektor (25, 75) repräsentiert werden (beide Güter in Kilogramm gemessen). Die Verwendungszwecke der beiden Produkte A und B fassen wir derart zusammen, daß innerhalb einer Stufe für jedes Produkt ein konstanter (durchschnittlicher) Verwendungswert besteht. Wir erhalten so nachfolgende Aufstellung, deren Zusammenhang mit dem Schema von Schmalenbach wohl ohne weiteres klar ist.

Verwendungsstufen	Gesamtproduktion		Verwendungsmengen				Verwendungswerte pro 100 kg		Verwendungswert d. Vektoreinheit (25,75)	Verwendungsstufen
	von A	von B	von A		von B		von A	von B		
1	1 000	3 000	1 000		3 000	} 5 000	150	800	637,50	1
2	1 667	5 000	667	} 1 500	2 000		120	800	630,—	2
3	2 500	7 500	833		2 500	} 4 000	120	700	555,—	3
4	3 000	3 000	500	} 1 000	1 500		100	700	550,—	4
5	3 500	10 500	500		1 500	} 6 000	100	650	512,50	5
6	5 000	15 000	1 500	} 3 000	4 500		70	650	505,—	6
7	6 500	19 500	1 500		4 500	} 8 000	70	500	392,50	7
8	7 667	23 000	1 167	} 2 000	3 500		50	500	387,50	8
9	8 500	25 500	833		2 500	} 7 000	50	400	312,50	9
10	(10 000)	30 000	(1 500)	(1 500)	4 500		—	400	300,—	10
			(10 000)	(10 000)	30 000	30 000				

[1]) l. c. S. 29 und 30.

Aus dieser Tabelle ergibt sich unter Beachtung der Tatsache, daß die Grenzkosten konstant sind und für jede Produktionsgeschwindigkeit 450 Mk pro Vektoreinheit betragen, der günstigste Produktsvektor: er umfaßt die Verwendungsstufen 1—6 und beträgt (5000, 15000).

Betrachten wir Schmalenbachs Berechnung des günstigsten Produktionsniveaus, so können wir feststellen, daß wir genau ebenso verfuhren wie er. Auch er berechnet schließlich den Grenzverwendungswert für das kombinierte Produkt und vergleicht ihn mit dem Grenzkostensatz (der hier zugleich auch Durchschnittskostensatz ist). Als undurchführbar müssen wir dagegen seinen Versuch[1]) bezeichnen, für jedes der verbundenen Produkte einen besonderen Kalkulationswert aufzustellen. Nicht nur sind die Rechnungen nicht einwandfrei (diese wären es, wenn der Grenzverwendungswert und der Grenzkostensatz genau übereinstimmen würden), sondern das Ziel ist unseres Erachtens grundsätzlich undurchführbar (auf Grund der oben[2]) gemachten Ausführungen über Kostenzurechnung für Kuppelprodukte); womit natürlich nur gegen das Prinzipielle etwas gesagt sein soll und nicht gegen die Möglichkeit, eine für die Praxis brauchbare Separatkalkulation durchzuführen, indem man nur das Hauptprodukt als eigentliches Produkt betrachtet und den Erlös des Nebenproduktes von den Gesamtkosten des Hauptproduktes abzieht.[3])

D. Bemerkungen und Beispiele zur praktischen Auswertung.

I.

Das erste und grundlegende Ziel der Kostenrechnung einer bestehenden Unternehmung muß sein, die Gesamtkostenfunktion so genau und ausführlich wie möglich festzustellen; dies deshalb, weil alle übrigen in Frage kommenden Funktionen aus der Gesamtkostenfunktion rechnerisch hergeleitet werden. Die Feststellung der Gesamtkostenfunktion geschieht in Form einer Tabelle. Prinzipiell ist es möglich, Funktionen von beliebig vielen unabhängigen Veränderlichen durch Tabellen auszudrücken; aber die Schwierigkeit einer solchen Aufstellung wächst mit der Zahl der Veränderlichen (der Komponenten des Produktsvektors) ins Ungemessene. Hat man für eine eindimensionale Funktion 10 Werte, so braucht man zur Erzielung derselben Genauigkeit bei einer n-dimensionalen Funktion 10^n Werte.

Nun braucht die Gesamtkostenfunktion nicht in ihrem ganzen Definitionsbereich festgestellt zu werden, sondern nur in dem Gebiete, welches für die Produktion in Frage kommt. Auch hier brauchen die empirisch gefundenen Funktionswerte nicht übermäßig nahe beieinander zu liegen; durch Interpolation erhält man die zwischenliegenden Werte.

Zu beachten ist, daß sich die Tabellenwerte durch zwei Momente verschieben oder, mathematisch ausgedrückt, sich der funktionale Zu-

---

[1]) l. c. S. 30/31.
[2]) cf. S. 57, Anm. 6.
[3]) cf. Einleitung zu Kap. 3.

sammenhang ändert: Durch Änderung der Einkaufspreise und durch
Änderung der Produktionsmethode, insbesondere durch Rationalisierung.
Zur Ausschaltung der Preisschwankungen hat die Betriebswirtschaftslehre Methoden ausgebildet: Ausgleichskonten, mittels derer die einge-
kauften Produktionsmittel zum festen Verrechnungspreis an den eigentlichen Betrieb weitergegeben werden. Hiedurch bleibt die Kostentabelle
von Preisschwankungen unberührt, und die eigentliche, zu einem bestimmten Zeitpunkte geltende Funktion ergibt sich aus der Tabelle
durch eine verhältnismäßig einfache Korrektur. Nun können aber sowohl
durch diese Preisschwankungen als auch durch technische und organi-
satorische Fortschritte Änderungen in der Produktionsmethode entstehen; dann wird allerdings die aufgestellte Tabelle meist unbrauchbar
und muß durch eine neue ersetzt werden.

Ist die Gesamtkostenfunktion auf diese Weise annähernd bekannt,
so ist das Schwierigste erreicht. Man kann die Tabelle bereits benutzen
und durch einfache Rechnungsoperationen alle Größen erhalten, die
man zur Regulierung der Produktionsgeschwindigkeiten, bzw. zur Preispolitik braucht. Ein weiteres Ziel liegt in der Erforschung und Vereinfachung der Gesamtkostenfunktion. Dies wird zunächst dadurch
vorbereitet, daß die Kosten bei der empirischen Feststellung möglichst
gegliedert ermittelt werden. Dabei muß man sich aber hüten, Kosten-
aufteilungen vorzunehmen, die den Kostenprinzipien widersprechen,
z. B. nicht unmittelbar zurechenbare Kosten nach dem Verhältnis der
zurechenbaren auf die einzelnen Produkte oder Zwischenprodukte aufzuteilen.

Eine solche Gliederung ermöglicht es, Kausalverhältnisse festzustellen, die insbesondere bei Änderungen der Produktionsmethode nützlich
sind, da unter Umständen eine Neufeststellung der Kostentabelle teilweise
erspart bleibt. Ferner wird es leichter, einfachere Zahlenreihen durch
analytische Ausdrücke zusammenzufassen und dann synthetisch die
Gesamtkostenfunktion aus diesen Teilfunktionen aufzubauen. Die
mathematische Statistik hat hier das Wort. Ihre Methoden erlauben,
auf Grund von empirischen Daten verhältnismäßig genaue Resultate zu
erhalten. Ein Beispiel dafür ist die auf Seite 117, Anm. 1, angegebene
Verfeinerung des proportionalen Satzes.

II.

1. Eine besondere Aufmerksamkeit verdient die Frage, ob es möglich
ist, aus den durchgeführten theoretischen Überlegungen einen analytischen Ausdruck zu erhalten, der als allgemeine Approximationsformel
für die regelmäßigen und stetigen Gesamtkostenfunktionen gelten kann.
Eine analytische Approximation für die Gesamtkosten erhält man im
konkreten Fall, indem man mehrere Funktionsarten am empirischen
Material ausprobiert und die beste auswählt. Das Ziel hiebei ist, eine
Formel zu erhalten, die zugleich möglichst einfach und möglichst genau
ist. Gelingt es, für eine bestimmte Materie auf theoretischem Weg eine
„Generalformel" zu bestimmen, so ist es zwar keineswegs gewiß, aber

immerhin wahrscheinlich, daß die „Generalformel" im einzelnen Falle die beste Approximation darstellt. Man würde also dann — neben anderen analytischen Ausdrücken — auch die Generalformel jedesmal ausprobieren müssen.

Das Problem der „Generalformel" spielt auf vielen statistischen Gebieten eine große Rolle. Berühmt ist die „Courbe des revenues" von Pareto,[1]) die eine zwei- bis vier-parametrige Approximationsformel für die Verteilung der Einkommen einer Volkswirtschaft darstellt. Neuerdings versucht Gibrat[2]) eine Generalformel der „Proportionalwirkung" für eine ganze Reihe von „ökonomischen Ungleichheiten" aus einer theoretischen Überlegung, dem „Gesetz der Proportionalwirkung" (loi de l'effet proportionel), abzuleiten; wie es scheint, mit gutem Erfolg.

Moore[3]) stellt für eine ganze Reihe von ökonomischen Funktionen (Nachfrage, Angebot, Kosten, Produktion) Approximationsformeln auf, die er folgendermaßen erhält: Für eine zu bestimmende Funktion $y = f(x)$ setzt er den Ausdruck $\dfrac{x}{y} \cdot \dfrac{d\,y}{d\,x}$ einem Polynom zweiten, ersten oder nullten Grades gleich und erhält $f(x)$ durch Integration der so gewonnenen Differentialgleichung. Ganz analog verfährt er zur Bestimmung von Funktionen mehrerer Veränderlichen. Daneben gibt er auch polynomische Approximationsformeln für die Funktion $f(x)$ selbst.

2. Verschiedene Ergebnisse unserer Theorie legen es nahe, die regelmäßige Gesamtkostenfunktion durch ein Polynom dritten Grades zu approximieren. Die Gründe hiefür sind:

1. Die Gesamtkostenkurve ist monoton steigend,[4]) hat einen Wendepunkt[2]) für $x = b$, und geht ohne Asymptote[6]) ins Unendliche.

2. Die Grenzkosten nehmen bis $x = b$ ab[7]) und nehmen für $x > b$ monoton zu,[7]) wobei sie über alle Grenzen wachsen.[6])

3. Die Grenzkostensteigung ist für $x < b$ negativ,[5]) für $x > b$ positiv,[5]) läßt sich also gut durch eine Gerade mit positiver Steigung approximieren, welche die x-Achse im Punkte b schneidet.

Wir haben somit die „Generalformel":

$$K(x) = A + B\,x + C\,x^2 + D\,x^3 \quad \ldots \ldots \ldots (1)$$

Über (1) können wir bestimmte Aussagen machen:

a) Wegen $K(0) = K_I$ haben wir

$$K_I = A > 0 \quad \ldots \ldots \ldots \ldots \ldots (2)$$

b) Es ist

$$K'(x) = B + 2\,C\,x + 3\,D\,x^2 \quad \ldots \ldots \ldots (3)$$

---

[1]) Pareto, „Cours ....", II, pag. 299ff., insbesondere pag. 305/306.
[2]) Gibrat, „Les inégalités économiques", Paris 1931.
[3]) Moore, „Synthetic economics", 1929.
[4]) S. 10.
[5]) S. 25.
[6]) Satz XVIII.
[7]) S. 34.

Da $K(x)$ monoton steigt und das Minimum der Steigung in $x = b$ ist, so ist

$$B = K'(0) > 0 \quad \dots \dots \dots \dots \quad (4)$$

c) Es ist

$$K''(x) = 2\,C + 6\,D\,x \quad \dots \dots \dots \dots \quad (5)$$

Da $K''(x)$, wie oben erwähnt, eine Gerade mit positiver Steigung ist, so ist

$$D > 0 \quad \dots \dots \dots \dots \dots \quad (6)$$

Nach Definition von b ist

$$2\,C + 6\,D\,b = 0 \quad \dots \dots \dots \dots \quad (7)$$

Aus (7) folgt:

$$C < 0 \quad \dots \dots \dots \dots \dots \quad (8)$$

und

$$b = -\frac{C}{3\,D} \quad \dots \dots \dots \dots \quad (9)$$

d) Es ist ferner

$$K^* = \frac{A}{x} + B + C\,x + D\,x^2 \quad \dots \dots \dots \quad (10)$$

und

$$K_{\mathrm{II}}^* = B + C\,x + D\,x^2 \quad \dots \dots \dots \quad (11)$$

Nach Satz IV gilt wegen (3) und (11)

$$B + 2\,C\,q + 3\,D\,q^2 = B + C\,q + D\,q^2$$

oder

$$q\,(C + 2\,D\,q) = 0$$

Wegen[1]) $q \neq 0$ erhalten wir

$$q = -\frac{C}{2\,D} \quad \dots \dots \dots \dots \quad (12)$$

woraus wegen (9) folgt

$$2\,q = 3\,b \quad \dots \dots \dots \dots \dots \quad (13)$$

e) Nach Satz I ist

$$B + 2\,C\,p + 3\,D\,p^2 = \frac{A}{p} + B + C\,p + D\,p^2$$

oder

$$A - C\,p^2 - 2\,D\,p^3 = 0 \quad \dots \dots \dots \quad (14)$$

woraus wegen (12) auch:

$$p^3 - p^2\,q = \frac{A}{2\,D} \quad \dots \dots \dots \dots \quad (15)$$

f) Aus dem Fundamentalsatz des erwerbswirtschaftlichen Prinzips folgt:

$$E'(s) = B + 2\,C\,s + 3\,D\,s^2 \quad \dots \dots \dots \quad (16)$$

---

[1]) Für $q = 0$ würde Satz V nicht gelten: Es ist $K''(o) = 2\,C < 0$ wegen (8).

Für die freie Konkurrenz haben wir:

$$P = B + 2\,C\,s + 3\,D\,s^2 \quad \ldots \ldots \ldots (17)$$

woraus nach einiger Umformung:

$$s = \frac{1}{3\,D}\left(- C + \sqrt{3\,D\,(P - B) + C^2}\right). \quad \ldots \ldots (18)$$

Der negative Wert der Wurzel kommt wegen der zweiten Maximumbedingung ($K''(s) > 0$) nicht in Frage.

Wegen (9) gilt auch:

$$s = b + \sqrt{\frac{P - B}{3\,D} + b^2} \quad \ldots \ldots \ldots (19)$$

III.

Ist die Gesamtkostenfunktion für eine Unternehmung als Tabelle oder als Kurve oder als analytischer Ausdruck ermittelt, so wird sie zur Regulierung der Produktion verwendet. Nachstehend sind zwei Beispiele durchgeführt. Erstens wird eine reguläre regelmäßige Gesamtkostenfunktion, gegeben durch einen analytischen Ausdruck, angenommen; zweitens eine regelmäßige Gesamtkostenfunktion mit mehreren Unstetigkeitsstellen, gegeben durch eine Kurve.

1. Beispiel:

a) Der Gesamtkostenkurve auf Abb. 4 liegt die Gleichung zugrunde:[1]

$$K(x) = 24 + 4{,}6\,x - 0{,}6\,x^2 + \frac{1}{30}\,x^3 \quad \ldots \ldots (20)$$

Hieraus ergeben sich für die übrigen Kurven nachstehende analytische Ausdrücke:

$$K'(x) = 4{,}6 - 1{,}2\,x + 0{,}1\,x^2$$
$$K''(x) = -1{,}2 + 0{,}2\,x$$
$$K^*(x) = \frac{24}{x} + 4{,}6 - 0{,}6\,x + \frac{1}{30}\,x^2$$
$$K^{\,*}_{\mathrm{II}}(x) = 4{,}6 - 0{,}6\,x + \frac{1}{30}\,x^2$$

Für b erhalten wir wegen (9): $b = 6$.

Für das Betriebsminimum haben wir wegen (12) oder (13): $q = 9$.

Für das Betriebsoptimum gilt wegen (15) die Bestimmungsgleichung:

$$p^3 - 9\,p^2 = 360$$

Diese Gleichung ist erfüllt für $p \approx 11{,}65$. Auch der Satz II ist erfüllt:

$$K''(p) = -1{,}2 + 0{,}1 \cdot 11{,}65 = 1{,}13 > 0$$

---

[1] Die Ordinaten der Gesamtkostenkurve sind dort in einem viermal kleineren Maßstab gezeichnet, als die Ordinaten der übrigen Kurven.

Für das Angebot der Unternehmung gilt wegen (19) nach einiger Rechnung:

$$s = 6 + \sqrt{10\,(P - 1)}$$

Zur näheren Bestimmung der Angebotsfunktion beachten wir, daß die Angebotsmenge, wenn überhaupt produziert wird, niemals kleiner sein kann als das Betriebsminimum, und daß die Angebotsfunktion durch den obigen analytischen Ausdruck nur für solche Preise definiert ist, die nicht kleiner sind als die Grenzkosten im Betriebsminimum. Für alle Preise, die kleiner sind, ist die Angebotsmenge gleich Null. Die Grenzkosten betragen im Betriebsminimum:

$$K'\,(9) = 4{,}6 - 1{,}2 \cdot 9 + 0{,}1 \cdot 9^2 = 1{,}9$$

Wir haben somit für den obigen analytischen Ausdruck die beiden Ungleichungen:

$$s > 9; \quad P > 1{,}9$$

Aus der ersten Ungleichung folgt, daß immer der positive Wert der obigen Wurzel gesetzt werden muß. Die zweite Ungleichung, die aus der ersten folgt, drückt die Tatsache aus, daß die Angebotsfunktion durch den obigen analytischen Ausdruck nur für $P > 1{,}9$ definiert ist. Für alle $P < 1{,}9$ verschwindet s identisch. Es gilt hier also: $s = 0$.

Somit haben wir die Angebotsfunktion wie folgt bestimmt:

für $P > 1{,}9$ gilt: $s = 6 + \sqrt{10\,(P - 1)}$; für $P < 1{,}9$ gilt: $s = 0$.

6. Der optimale Preis ist den Grenzkosten im Betriebsoptimum gleich. Wir haben:

$$K'\,(p) = 4{,}6 - 1{,}2 \cdot 11{,}65 + 0{,}1 \cdot 11{,}65^2 \approx 4{,}2.$$

Der optimale Preis beträgt also 4,2.

Die Unternehmung kann zu einem Preise, der zwischen 1,9 und 4,2 liegt, nur eine Produktionsgeschwindigkeit realisieren, die zwischen 9 und 11,65 liegt. Hier erhält sie einen Rohgewinn, der die konstanten Kosten nicht ganz deckt. Sie erleidet also einen Verlust. Da ihre konstanten Kosten 24 betragen, so hat sie hier einen Rohgewinn, der unter 24 liegt.

Ist der Preis größer als 4,2 so realisiert die Unternehmung eine Produktionsgeschwindigkeit, die größer als 11,65 ist. Ihr Rohgewinn ist größer als 24; sie erzielt einen Extragewinn.

7. Ist der Preis z. B. 3,5, so beträgt das Angebot der Unternehmung:

$$s = 6 + \sqrt{10\,(3{,}5 - 1)} = 11.$$

Die Gesamtkosten betragen hier:

$$K\,(11) = 24 + 4{,}6 \cdot 11 - 0{,}6 \cdot 11^2 + \frac{11^3}{30} \approx 46{,}37.$$

Die variablen Kosten betragen: $K\,(11) - K_I = 22{,}37$.
Der Ertrag: $11 \cdot 3{,}5 = 38{,}5$.
Der Rohgewinn: $38{,}5 - 22{,}37 = 16{,}13$.
Der Verlust: $24 - 16{,}13 = 7{,}87$.

8. Ist der Preis 5,9, so beträgt das Angebot der Unternehmung:

$$s = 6 + \sqrt{10\,(5,9 - 1)} = 13.$$

Die Gesamtkosten betragen hier:

$$K\,(13) = 24 + 4,6\,.\,13 - 0,6\,.\,13^2 + \frac{13^3}{30} \approx\, = 55,63.$$

Die variablen Kosten betragen: $K\,(13) - K_{\mathrm{I}} = 31,63$.
Der Ertrag: $13\,.\,5,9 = 76,7$.
Der Rohgewinn: $76,7 - 31,63 = 45,07$.
Der Reingewinn: $45,07 - 24 = 21,07$.

9. Würde die Unternehmung immer nur das Betriebsoptimum realisieren, so würde sie sich immer dann schlechter stehen, wenn der Preis von 4,2 verschieden ist.
Der Verlust würde bei einem Preise von 3,5 betragen:

$$[K^*\,(p) - P]\,.\,p = (4,2 - 3,5)\,.\,11,65 = 8,15.$$

Es ist also um 0,28 größer, als wenn die Produktionsgeschwindigkeit 11 realisiert worden wäre.
Bei einem Preise von 5,9 würde der Gewinn betragen:

$$[P - K^*\,(p)]\,.\,p = (5,9 - 4,2)\,.\,11,65 = 19,80.$$

Es ist also um 1,2 kleiner, als wenn die Produktionsgeschwindigkeit 13 realisiert worden wäre.
Daß die Abweichungen verhältnismäßig gering sind (im ersten Falle 3,6%, im zweiten 5,7% des jeweils günstigsten Betrages), erklärt sich dadurch, daß die Elastizität unserer Angebotskurve ziemlich gering ist. Sie beträgt z. B. im Betriebsoptimum 0,319.

2. Beispiel. (Abb. 15.)

Zu einer allgemeinen Gesamtkostenfunktion $K\,(x)$ ist die Grenzkostenfunktion $K'\,(x)$, die Durchschnittskostenfunktion $K^*\,(x)$ und die Funktion der durchschnittlichen variablen Kosten $K_{\mathrm{II}}^*\,(x)$ eingezeichnet. Die Gesamtkostenfunktion ist in einem fünfmal kleineren Maßstabe gezeichnet als die übrigen Funktionen.
Die kleinen Kreise (o) besagen, daß die Ordinaten der betreffenden Punkte keine Funktionswerte der Funktionen $K\,(x)$, $K^*\,(x)$ und $K_{\mathrm{II}}^*\,(x)$ sind.
Aus der Darstellung können wir nachfolgende Tatsachen entnehmen.
1. Die minimale Produktionsgeschwindigkeit ist 3. Hier erreichen die durchschnittlichen variablen Kosten mit $K_{\mathrm{II}}^*\,(3) = 2$ ihr Minimum. Formal ist ein Schnittpunkt mit der Grenzkostenkurve vorhanden.
2. Das Betriebsoptimum liegt in $x = 8$. Hier erreichen die Durchschnittskosten mit $K^*\,(8) = 5,5$ ihr Minimum. Auch hier sind die Kostengesetze formal gewahrt.
3. Ist der Preis $P = 5$, so haben die Produktionsgeschwindigkeiten 3, 8 und 11 Grenzkosten, die dem Preise gleich sind. Da der Preis kleiner

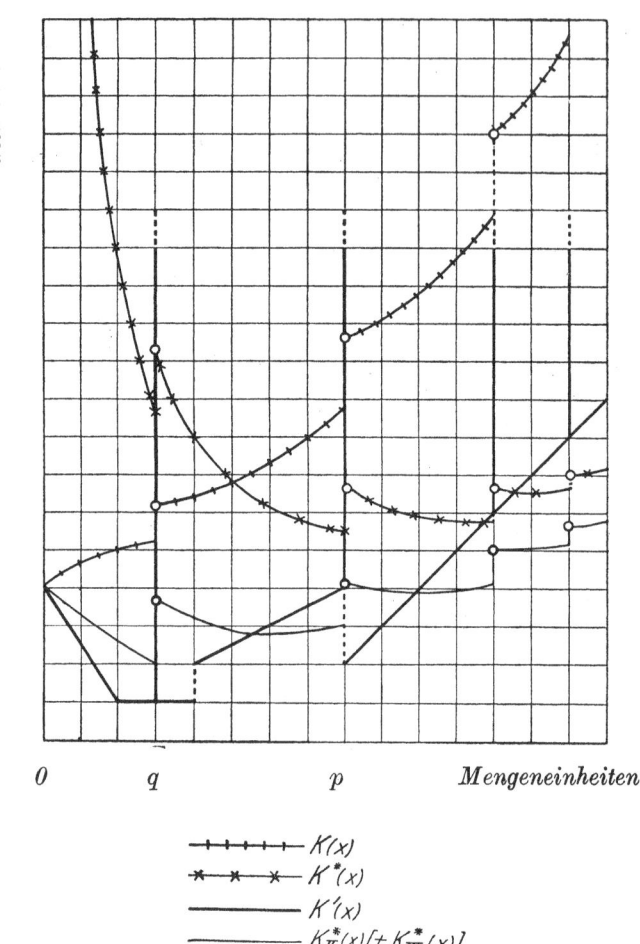

$$\overline{}\text{+}\text{+}\text{+}\text{+}\text{+}\text{+}\text{ } K(x)$$
$$\text{*}\text{—}\text{*}\text{—}\text{*}\text{—} K^*(x)$$
$$\overline{} K'(x)$$
$$\overline{} K_{II}^*(x)[+K_{III}^*(x)]$$

Abb. 15

ist als der optimale Preis, so scheidet $x = 11$ aus. Es müssen also die Produktionsgeschwindigkeiten 3 und 8 miteinander verglichen werden.

$$G(3) = 5 \cdot 3 - K(3) = 15 - 26 = -11$$
$$G(8) = 5 \cdot 8 - K(8) = 40 - 44 = -\ 4$$

$x = 8$ ist die günstigste Produktionsgeschwindigkeit. Es ist also $s(5) = 8$.

Daß $x = 11$ wirklich nicht in Frage kommt, kann leicht gezeigt werden:

$$G(11) = 5 \cdot 11 - K(11) = 55 - 63{,}8 = -\ 8{,}8.$$

Die Produktionsgeschwindigkeit 11 ist demnach ungünstiger als 8.

4. Ist der Preis $P = 7$, so kommen zunächst die Produktions-geschwindigkeiten 3, 8, 12 und 13 in Frage. Da 7 größer als der optimale Preis 5,5 ist, so scheidet 3 aus. Es sind somit zu vergleichen $G(8)$, $G(12)$ und $G(13)$. Wir haben:

$$G\ (8) = 7 \cdot 8 - K\ (8) = 56 - 44 \quad = 12$$
$$G\ (12) = 7 \cdot 12 - K\ (12) = 84 - 69{,}5 = 14{,}5$$
$$G\ (13) = 7 \cdot 13 - K\ (13) = 91 - 85 \quad = 6 \quad .$$

Die günstigste Produktionsgeschwindigkeit ist hier 12. Wir haben also:

$$s\ (7) = 12.$$

GPSR Compliance

The European Union's (EU) General Product Safety Regulation (GPSR) is a set of rules that requires consumer products to be safe and our obligations to ensure this.

If you have any concerns about our products, you can contact us on ProductSafety@springernature.com

In case Publisher is established outside the EU, the EU authorized representative is:

Springer Nature Customer Service Center GmbH
Europaplatz 3
69115 Heidelberg, Germany

FSC
www.fsc.org
MIX
Papier | Fördert
gute Waldnutzung
FSC® C083411

Zeitfracht Medien GmbH
Ferdinand-Jühlke-Straße 7
99095 Erfurt, Deutschland
produktsicherheit@kolibri360.de